Lehrstuhl für
Werkzeugmaschinen und Betriebswissenschaften
der Technischen Universität München

Digitale Zustandsregelung elektrischer Vorschubantriebe auf der Basis ordnungsreduzierter Hybridmodelle

Peter Eubert

Vollständiger Abdruck der von der Fakultät für Maschinenwesen der Technischen Universität München zur Erlangung des akademischen Grades eines

Doktor-Ingenieurs

genehmigten Dissertation.

Vorsitzender: Univ.-Prof. Dr.-Ing. B.-R. Höhn

Prüfer der Dissertation:

1. Univ.-Prof. Dr.-Ing. J. Milberg
2. Univ.-Prof. Dr.-Ing. G. Schmidt
3. Univ.-Prof. Dr.-Ing. G. Duelen, TU Berlin

Die Dissertation wurde am 24.1.1991 bei der Technischen Universität München eingereicht und durch die Fakultät für Maschinenwesen am 4.12.1991 angenommen.

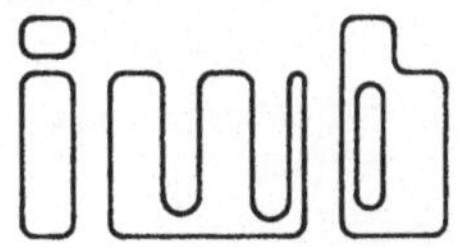

Forschungsberichte · Band 51

**Berichte aus dem
Institut für Werkzeugmaschinen
und Betriebswissenschaften
der Technischen Universität München**

Herausgeber: Prof. Dr.-Ing. J. Milberg

Peter Eubert

Digitale Zustandsregelung elektrischer Vorschubantriebe

Mit 89 Abbildungen

Springer-Verlag
Berlin Heidelberg New York London Paris
Tokyo Hong Kong Barcelona Budapest 1992

Dipl.-Ing. Peter Eubert
Institut für Werkzeugmaschinen und Betriebswissenschaften (iwb), München

Dr.-Ing. J. Milberg
o. Professor an der Technischen Universität München
Institut für Werkzeugmaschinen und Betriebswissenschaften (iwb), München

D 91

ISBN-13: 978-3-540-55541-4   e-ISBN-13: 978-3-642-48390-5
DOI: 10.1007/978-3-642-48390-5

Gesamtherstellung: Hieronymus Buchreproduktions GmbH, München
2362/3020-543210

Geleitwort des Herausgebers

Die Verbesserung von Fertigungsmaschinen, Fertigungsverfahren und Fertigungs-organisation zur Steigerung der Produktivität und Verringerung der Fertigungs-kosten ist eine ständige Aufgabe der Produktionstechnik. Die Situation in der Produktionstechnik ist durch abnehmende Fertigungslosgrößen und zunehmende Personalkosten sowie durch eine unzureichende Nutzung der Produktionsanlagen geprägt. Neben den Forderungen nach einer Verbesserung der Mengenleistung und der Arbeitsgenauigkeit gewinnt die Steigerung der Flexibilität von Fertigungsma-schinen und Fertigungsabläufen immer mehr an Bedeutung. In zunehmendem Maße werden Programme, Einrichtungen und Anlagen für rechnergestützte und flexibel automatisierte Produktionsabläufe entwickelt.

Ziel der Forschungsarbeiten am Institut für Werkzeugmaschinen und Betriebswis-senschaften der Technischen Universität München (iwb) ist die weitere Verbesse-rung der Fertigungsmittel und Fertigungsverfahren im Hinblick auf eine Optimie-rung der Arbeitsgenauigkeit und Mengenleistung der Fertigungssysteme. Dabei stehen Fragen der anforderungsgerechten Maschinenauslegung sowie der optima-len Prozeßführung im Vordergrund. Ein weiterer Schwerpunkt ist die Entwicklung fortgeschrittener Produktionsstrukturen und die Erarbeitung von Konzepten für die Automatisierung des Auftragsdurchlaufs. Das Ziel ist eine Integration der technischen Auftragsabwicklung von der Konstruktion bis zur Montage.

Die im Rahmen dieser Buchreihe erscheinenden Bände stammen thematisch aus den Forschungsbereichen des iwb: Fertigungsverfahren, Werkzeugmaschinen, Fer-tigungsautomatisierung und Montageautomatisierung. In ihnen werden neue Er-gebnisse aus der praxisnahen Forschung des iwb veröffentlicht. Diese Buchreihe soll dazu beitragen, den Wissenstransfer zwischen dem Hochschulbereich und dem Anwender in der Praxis zu verbessern.

Joachim Milberg

Vorwort

Die vorliegende Dissertation entstand während meiner Tätigkeit als wissenschaftlicher Mitarbeiter am Institut für Werkzeugmaschinen und Betriebswissenschaften (iwb) der Technischen Universität München.

Herrn Professor Dr.-Ing. J. Milberg, dem Leiter des Instituts, gilt mein besonderer Dank für die wohlwollende Förderung und großzügige Unterstützung sowie für die wertvollen Hinweise zu dieser Arbeit.

Herrn Professor Dr.-Ing. G. Schmidt und Herrn Professor Dr.-Ing. G. Duelen danke ich für die aufmerksame Durchsicht der Arbeit und die sich daraus ergebenden Anregungen.

Darüberhinaus gilt mein Dank allen Mitarbeitern des Instituts und allen Studenten, die mich bei der Erstellung meiner Arbeit unterstützt haben.

München, März 1992   *Peter Eubert*

Inhaltsverzeichnis

Verzeichnis wichtiger Formelzeichen und Abkürzungen

$\underline{\underline{A}}$	Systemmatrix	
$A(\lambda_k)$	normierter Amplitudengang	
$\underline{\underline{A}}_R$	Systemmatrix des reduzierten Systems	
$\underline{\underline{B}}$	Eingangsmatrix, Steuermatrix	
$\underline{b}$	Eingangsvektor, Steuervektor	
b	Breite, Lagerbreite, Zahnbreite	[m]
$\underline{b}_R$	Eingangsvektor des reduzierten Systems	
$\underline{\underline{C}}$	Ausgangsmatrix	
$\underline{c}^T$	Ausgangsvektor	
c	Federkonstante	[N/m, Nm/rad]
c_{ZR}	Zahnriemensteifigkeit	[N/m]
c_{ax}	Federsteifigkeit in axialer Richtung	[N/m]
c_{bg}	Biegesteifigkeit	[N/m]
c_{rad}	Federsteifigkeit in radialer Richtung	[N/m]
c_{sz}	auf Zahnbreite bezogene spezifische Zahnsteifigkeit	[N/m]
c_{tor}	Torsionssteifigkeit	[Nm/rad]
$\underline{\underline{D}}$	Beobachteraufschaltmatrix	
$\underline{\underline{D}}$	Dämpfungsmatrix	
D	Dämpfungsmaß nach Lehr	
D_M	Dämpfungsmaß des ungeregelten Vorschubmotors	
$\underline{d}$	Durchschaltvektor	
d	Durchschaltanteil	
d	Dämpfungskoeffizient	[Ns/m; Nms]
d	Durchmesser	[m]
d_D	Dicke des Distanzringes bei einer Kugelgewindespindelmutter	[m]
d_W	Wellendurchmesser	[m]
d_a	Außendurchmesser	[m]
d_i	Innendurchmesser	[m]
d_n	Nenndurchmesser der Kugelgewindespindel	[m]
E_A	induzierte Ankerspannung	[V]
$\underline{e}$	Erregervektor	

e_A	induzierte Ankerspannung, normiert	
$\underline{\underline{F}}$	Dynamikmatrix des Beobachters	
F	Kraft, Federkraft	[N]
$F(s)$	Übertragungsfunktion eines Systems	
F_f	Vorschubkraft	[N]
F_v	Vorspannung	[N]
$F_w(s)$	Führungsübertragungsfunktion eines Systems	
f	Frequenz	[Hz]
f	Anzahl der Bewegungsgleichungen	
f_{bg}	Biegeeigenfrequenz	[Hz]
h	Spindelsteigung	[m]
$\underline{\underline{I}}$	Einheitsmatrix	
I_A	Ankerstrom	[A]
I_{AN}	Ankernennstrom	[A]
i_A	Ankerstrom, normiert	
i_M	Anzahl der Kugelumläufe bei einer Kugelgewindemutter	
J	Massenträgheitsmoment	[kgm^2]
J_{Fremd}	Fremdmassenträgheitsmoment	[kgm^2]
J_{ges}	gesamtes, auf die Motorwelle bezogenes Massenträgheitsmoment des Vorschubsystems aus Motor und Mechanik	[kgm^2]
J_M	Motorträgheitsmoment	[kgm^2]
KP	Knotenpunkt	
K_E	Maschinenkonstante	[Vs/rad]
K_T	Maschinenkonstante	[Nm/A]
K_{st}	Verstärkungsfaktor des Transistorstellers	
$\underline{k}^T$	Rückführvektor	
k_v	Verstärkungsfaktor des Proportionallagereglers bei einer konventionellen Kaskadenregelung	$\left[\frac{\text{m}}{\text{min}}/\text{mm}; 1/\text{s}\right]$
L_A	Motorinduktivität	[H]
l	Vorfilter	
l	Länge '	[m]
l_M	Länge einer Einzelmutter	[m]
$\underline{\underline{M}}$	Massenmatrix	
M	Moment	[Nm]
M_B	Beschleunigungsmoment	[Nm]
M_M	Motormoment	[Nm]

M_N	Motornennmoment	[Nm]
M_W	Widerstands-, Lastmoment	[Nm]
m_M	Motormoment, normiert	
m_W	Widerstands-, Lastmoment, normiert	
$N(s)$	Nennerpolynom der Übertragungsfunktion	
$N(s)$	Laplace-Transformierte der normierten Motordrehzahl $n(t)$	
N_M	Motordrehzahl	[1/s]
N_N	Motornenndrehzahl	[1/s]
n	Systemordnung	
n	Drehzahl, normiert	
n_e	Kenn-Nachgiebigkeitswurzel	$\left[\sqrt{\dfrac{m}{N}},\sqrt{\dfrac{rad}{Nm}}\right]$
n_R	Ordnung des reduzierten Systems	
P_N	Nennleistung	[W]
p_{ED}	Einzel- ($p_{ED}=1$) oder Doppelmutter ($p_{ED}=0$)	
p_{IK}	interne ($p_{IK}=1$) oder externe ($p_{IK}=0$) Kugelrückführung	
p_{max}	maximale Anzahl von Inkrementen zur Vollaussteuerung eines digital realisierten Transistorstellers	
p_N	Anzahl von Inkrementen zur Nennaussteuerung eines digital realisierten Transistorstellers (Nenndrehzahl)	
$\underline{\underline{Q}}$	Bewertungsmatrix für die Riccati-Optimierung	
$\underline{q}$	Vektor der verallgemeinerten Koordinaten	
R	Stellgrößenbewertung	
R	Dissipationsfunktion	
R_A	Ankerwiderstand	[Ω]
R_{cond}	Konditionszahl	
r	Realteil	[rad/s]
r	Radius in der komplexen Ebene	[rad/s]
r_{AN}	normierter Ankerwiderstand	
r_k	Maßzahl „Steuer-, Beobachtungsdominanz"	
$\hat{r}_k$	Maßzahl „Übertragungsdominanz"	
s	Laplace-Operator	[rad/s]
s	Federauslenkung	[m]
T	kinetische Energie	
T	Periode	[s]

T_A	Ausschaltdauer	[s]
T_E	Einschaltdauer	[s]
T_{JN}	Trägheitsnennzeitkonstante	[s]
T_R	Reglertotzeit	[s]
T_{ab}	Abtastzeit	[s]
T_{el}	elektrische Motorzeitkonstante	[s]
T_{mech}	mechanische Zeitkonstante	[s]
T_t	Totzeit	[s]
t	Zeit	[s]
u	Eingangsgröße	
U	Spannung	[V]
U_A	Ankerspannung	[V]
U_{AN}	Ankernennspannung	[V]
$U_A(s)$	Laplace-Transformierte der normierten Ankerspannung $u_A(t)$	
$U_{A,soll}$	Sollwert der Ankerspannung	[V]
U_{soll}	Sollwert der Ankerspannung	[V]
$U_{A,soll}$	Ansteuersignale für einen 4-Quadranten-Transistorsteller entsprechend dem Sollwert der Ankerspannung	
U_C	Schaltspannung des Transistorstellers, gleichgerichtete Nennanschlußspannung	[V]
Usoll	inkrementale Stellgröße	
U_{st}	Steuersignal für den Transistorsteller	
u_{st}	Steuersignal für den Transistorsteller, normiert	
$u_{A,soll}$	Sollwert der Ankerspannung, normiert	
u_A	Ankerspannung, normiert	
$\underline{\underline{V}}$	Modalmatrix	
V	potentielle Energie	
$\underline{w}$	Strukturvektor	
w	Führungsgröße	
$\underline{x}$	Zustandsvektor	
x	Weg	[m]
x_T	Schlittenposition	[m]
$\underline{y}$	Ausgangsvektor	
y	Ausgangsgröße	
$Z(s)$	Zählerpolynom einer Übertragungsfunktion	
$\underline{z}$	Zustandsvektor des Beobachters	
z	komplexe Zahl im z-Bereich	

Griechische Buchstaben

$\underline{\underline{\Lambda}}$	Spektralmatrix	
Ω_M	Motorwinkelgeschwindigkeit	[rad/s]
Ω_N	Motornennwinkelgeschwindigkeit	[rad/s]
α	Stabilitätsgrad	[rad/s]
β	Schrägungswinkel	[Grad]
ϵ	Maschinenkonstante (Digitalrechner)	
φr	(auf die Motorwelle) übersetzungsreduzierter φ-Freiheitsgrad	[rad]
λ	Wellenlänge	[m]
λ	Eigenwert	[rad/s]
ω	Kreisfrequenz	[rad/s]
ω	Winkelgeschwindigkeit, normiert	
ω_0	Kreisfrequenz des ungedämpften Systems	[rad/s]
$\omega_{0,M}$	Motorkreisfrequenz des ungedämpften Systems	[rad/s]
ω_{3dB}	3 dB Grenzfrequenz	[rad/s]
∂	partial	

Vektoren und Matrizen

$\underline{\underline{A}} \in \mathbb{R}^{i,i}$	Matrix
$\underline{\underline{A}}^T \in \mathbb{R}^{i,i}$	transponierte Matrix $\underline{\underline{A}}$
$\underline{\underline{A}}^{-1} \in \mathbb{R}^{i,i}$	invertierte Matrix $\underline{\underline{A}}$
$\underline{a} \in \mathbb{R}^{i,1}$	Spaltenvektor, Vektor
$\underline{a}^T \in \mathbb{R}^{1,i}$	transponierter Vektor $\underline{a}$, Zeilenvektor

Sonderzeichen

$\dot{}$	erste Ableitung nach der Zeit
$\ddot{}$	zweite Ableitung nach der Zeit
#	führt Zahlen in hexadezimaler Darstellung an
j	imaginäre Zahl
$\underline{\underline{M}}$	Gleichstrommotor
$\Re$	Realteil
$\Im$	Imaginärteil

Abkürzungen

2D,3D	zweidimensional, dreidimensional
A/D	Analog/Digital
CPU	Central Processing Unit
DAREP	Differential Analyzer Replacement Portable
D/A	Digital/Analog
DMA	Direct Memory Access
DYLAM	Dynamisches Lasermeßsystem
ELFE_FE	Electric Feed Drives_Finite Elements: Spezielles FE-Programm
FDD	Floppy Disc Drive
FPU	Floating Point Unit
HDD	Hard Disc Drive
Keyb.	Keyboard (Tastatur)
MB	Mega Byte
MPST	Mehr-Prozessor-Steuerung
NC	Numerical Control
NOS/VE	Network Operating System/Virtual Environment
RAM	Random Access Memory
RASP	Regelungstechnisches Analyse- und Synthese-Programm
RF	Relative Luftfeuchte
RISC	Reduced Instruction Set Computer
RKM	Runge-Kutta-Merson Integrationsverfahren
SIMO	Single Input Multiple Output
SISO	Single Input Single Output
TEK 4/8	Transputer Entwicklungskarte für T414 und T800 Transputer
TDS	Transputer Development System
ZOH	Zero Order Hold

1 Einleitung

1.1 Stand der Technik

Moderne NC-Fertigungseinrichtungen stellen komplex strukturierte Anlagen dar, wobei neben Systemkomponenten wie Gestell, Hauptantrieb, Steuerungstyp, usw. vor allem die Eigenschaften der verwendeten Vorschubantriebe das *dynamische* Verhalten der Gesamtstruktur maßgeblich beeinflussen.

Im Bereich der NC-Werkzeugmaschinen hat sich als gängiges Regelungskonzept für die kinematisch voneinander unabhängigen Vorschubachsen der *kaskadierte Lageregelkreis* etabliert (**Bild 1.1**) [5, 21, 69]. Während der Lageregelkreis dabei als Bestandteil der NC-Steuerung üblicherweise digital realisiert ist (P-Lageregler mit Geschwindigkeitsverstärkung k_v im Bereich von ca. $1 \ldots 2,5 \frac{m}{min}/mm$), werden Drehzahl- und Stromregelkreis des i. allg. verwendeten elektrischen Vorschubmotors noch weitgehend analog ausgeführt, für gewöhnlich mit aus Operationsverstärkern und RC-Netzwerken aufgebauten PI-Reglern, deren Parameter über Potentiometer oder Widerstandsarrays einstellbar sind. Durch die Standardisierung der digitalen Schnittstelle zwischen Antrieb und Steuerung ist allerdings ein Trend hin zur digitalen Drehzahlregelung (bei weiterhin analoger Stromregelung) festzustellen. Man erreicht dadurch eine weitergehende Vereinfachung der Inbetriebnahme des Vorschubantriebs als Stellglied im Lageregelkreis, d. h. Reglereinstellung per Software anstelle von Hardwaremodifikationen. Weiterhin bietet der digitale Drehzahlregelkreis selbstverständlich auch die Möglichkeit der Realisierung komplexer Regelalgorithmen.

Als Stellglied innerhalb des Lageregelkreises kommen für gewöhnlich geregelte elektrische Vorschubmotoren unterschiedlichster Prägung zum Einsatz [54, 67, 68]:

- permanenterregte konventionelle, d. h. bürstenbehaftete Gleichstrommotoren,

- permanenterregte bürstenlose, d. h. elektronisch kommutierte Gleichstrommotoren,

- Synchronmotoren mit rotorwinkelabhängiger Speisung,

- Asynchronmotoren mit feldorientierter Regelung.

Die Stromrichter im Leistungsteil zur Bereitstellung der notwendigen Energie für den Vorschubmotor bestehen dabei sehr häufig aus pulsbreitenmodulierten Transistorstellern. Hohe Taktfrequenzen im Bereich einiger kHz sichern niedrige Totzeiten innerhalb der Regelstrecke und verbessern dadurch den nutzbaren Dynamikbereich des drehzahlgeregelten Servomotors. Die Induktivität des Motors sorgt bei

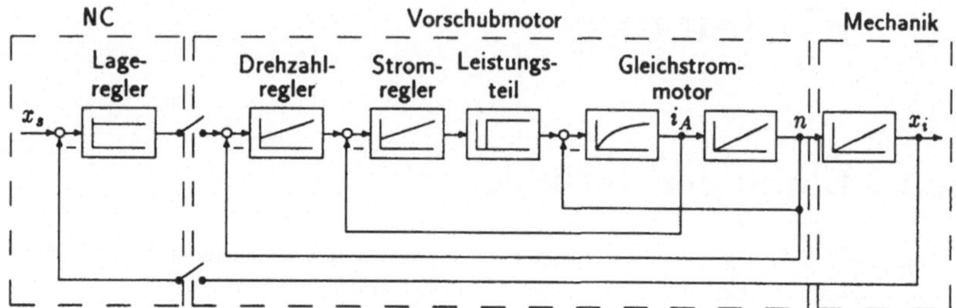

Bild 1.1: Konventioneller Lageregelkreis elektrischer Vorschubantriebe für NC-Systeme in Kaskadenstruktur

diesen hohen Schaltfrequenzen für eine ausreichende Glättung des Motorstromes und damit ein relativ gleichförmiges abgegebenes Moment. Die Fortschritte in der Halbleiter- und Stromrichtertechnik dokumentieren sich auch in der hohen Überlastfähigkeit der Antriebe. Mehrfaches Nennmoment bzw. mehrfacher Nennstrom bei Beschleunigungs- und Abbremsvorgängen ist auch über längere Zeiträume (typisch 200 ms) ohne Gefahr für die Leistungsbaugruppe möglich [51, 54].

Neben dem Einsatz moderner Leistungselektronik zur Realisierung hochdynamischer Vorschubantriebe wurde in letzter Zeit ein weiterer Schwerpunkt in der *Minimierung* des Trägheitsmomentes der rotierenden Motormassen gesetzt. Dies führte zur Entwicklung und zum vermehrten Einsatz hochkoerzitiver Magnetmaterialien (Selten-Erd-Magnete) anstelle konventioneller und kostengünstigerer Ferrit-Magnet-Substanzen bei permanenterregten Motoren. Die Praxis zeigt allerdings, daß Motoren mit besonders niedrigem Anteil am Gesamtträgheitsmoment des Vorschubantriebs (Vorschubmotor mit Mechanik) auch einer besonders sorgfältigen Optimierung bedürfen. Aus diesem Grund sind der Reduktion des Eigenträgheitsmomentes des Antriebsmotors Grenzen gesetzt [67].

Zusammenfassend kann man feststellen, daß den allgemeinen und sich stetig verschärfenden Forderungen an moderne NC-Fertigungssysteme wie

- Verbesserung der Wirtschaftlichkeit,

- hohe Fertigungsqualität,

- höhere Bearbeitungsgeschwindigkeiten

durch die Antriebshersteller heute auf zweifache Weise begegnet wird:

- in dynamischer Hinsicht mit der Vergrößerung der Bandbreite, d. h. des nutzbaren Übertragungsbereiches der Drehzahlregelkreise der Servomotoren;

- bezüglich günstigerer Betriebseigenschaften mit der Entwicklung wartungs- und verschleißarmer Motorenkonzepte unter Gewährleistung hoher Ausfallsicherheit insbesondere unter kritischen Umgebungsbedingungen (hohe Schutzart).

Insbesondere der letztgenannte Aspekt führt praktisch zur Ablösung der vormals dominierenden konventionellen, d. h. bürstenbehafteten Gleichstrommotoren durch elektronisch kommutierte Varianten. Dynamische Gesichtspunkte spielen dabei kaum eine wesentliche Rolle.

Insgesamt bietet die klassische Kaskadenregelung, die heute in nahezu allen Fertigungssystemen eingesetzt ist, gegenüber *einschleifigen* Regelkreisen die folgenden Vorteile:

- höhere Dynamik des gesamten Regelkreises sowie

- günstigeres Störverhalten. Dazu kommt die

- einfache Möglichkeit der Begrenzung einzelner Regelgrößen, speziell Strom- und Drehzahlbegrenzung und die

- einfache Inbetriebnahme der einzelnen Regelkreise durch Optimierung von „innen" nach „außen" mit Hilfe bewährter Einstellregeln.

Die Nachteile konzentrieren sich demgegenüber auf folgende Feststellungen:

- Erhöhung der Streckenordnung für die „äußeren" Regelkreise durch die verzögernde Wirkung der „inneren" Regler, dadurch sukzessive Verschlechterung der Systemdynamik.

- Zur Bildung der Regeldifferenz für jeden Reglereingang wird nur eine Zustandsgröße (die jeweilige Regelgröße) verwendet. Alle weiteren Zustände bleiben unberücksichtigt.

- Auf Grund der i. allg. fest vorgegebenen Struktur der Regelung ist nur eine Parameteroptimierung möglich. Die Anzahl der Freiheitsgrade für den Reglerentwurf ist daher stark eingeschränkt.

- Je nach Bandbreite des drehzahlgeregelten Vorschubmotors ist die mehr oder minder stark ausgeprägte Anregung mechanischer Eigenformen der Übertragungsstruktur unvermeidlich.

Gerade die Gesamtheit der mechanischen Baugruppen erweist sich auf Grund ihrer meist nur gering gedämpften kritischen Eigenfrequenzen in letzter Zeit immer häufiger [67, 71] als *dynamisch* schwächstes Glied innerhalb konventioneller Lageregelkreise und begrenzt allein den nutzbaren Dynamikbereich des Systems. Damit aber kann das installierte Potential moderner Vorschubservomotoren nur zum Teil tatsächlich genutzt werden. Man behilft sich unter diesen Umständen in der Praxis i. allg. durch sukzessives Zurücknehmen der Geschwindigkeitsverstärkung k_v des Lageregelkreises und der Reduktion der Bandbreite des drehzahlgeregelten Vorschubmotors bis wieder ausreichende Stabilitätsreserven unter allen Betriebsbedingungen für das gesamte System gewährleistet sind.

Einer äquivalenten Lösungsmöglichkeit des generellen Problems entspricht auf der anderen Seite die Anhebung der kritischen Eigenfrequenzen der Mechanik. Dies ist aus konstruktiven Gründen an bereits existierenden Systemen kaum oder nur mit erheblichem technischen Einsatz möglich. Wird die kritische Konstellation aus Servomotor und Mechanik bei einer Neukonstruktion am Prototyp erkannt, so sind oftmals neben dem hohen konstruktivem Aufwand insbesondere auch wirtschaftliche Aspekte (z. B. Lieferfristen) mit dafür verantwortlich, daß auf tiefgreifende Neuerungen verzichtet wird.

In dieser Konfliktsituation aus nah beieinander liegenden oder sich bereits überlappenden dominanten Eigenfrequenzen von geregeltem Vorschubmotor und komplexer Mechanik versagt die „klassische" Struktur einer Lageregelung mit Proportional-Lageregler und unterlagertem Drehzahl- und Stromregelkreis mit PI-Reglercharakteristik insbesondere dann, wenn die Eigenschwingungen der mechanischen Übertragungsglieder zusätzlich schwach gedämpft sind.

1.2   Ableitung der Aufgabenstellung

Prinzipiell als wirksam haben sich in diesem Zusammenhang im Zustandsraum entwickelte, rein *digital* zu realisierende Regelungskonzepte erwiesen [13, 25, 30, 31, 32, 71, 77]. Dabei ist vor allem die Güte der Modellbildung entscheidend für den praktischen Erfolg. Eine qualitativ genaue Beschreibung realer Systeme führt aber in der Regel sehr schnell zu mehr oder minder stark gekoppelten Differentialgleichungssystemen hoher Ordnung im Zustandsraum, so daß die Systemregelung allenfalls noch im Rahmen einer digitalen Simulation erfolgen kann.

Für die digitale Realisierung von Regelungsstrukturen auf Mikroprozessoren sind solche large-scale systems meistens unbrauchbar. In diesen Fällen ist die *Reduktion der Modellordnung* notwendig [7, 15, 18, 49]. Zu diesem Thema existiert eine Fülle unterschiedlicher Ansätze in der Literatur. Auswahl und Anwendung eines geeigneten Verfahrens auf den Fall elektromechanischer Hybridsteme am Beispiel elektrischer Vorschubantriebssysteme nehmen in den Untersuchungen breiten Raum ein. Auf der Basis des möglichst genau (dynamisch und statisch) reduzierten Modells niedriger Ordnung erfolgt dann der digitale Reglerentwurf nach bekannten Methoden (Riccati, Polvorgabe). Die Überprüfung der Reglergüte wie auch insbesondere der Stabilität wird abschließend entweder am (reduzierten) Original in der Simulation oder, soweit möglich und sinnvoll, bereits am realen System durchgeführt.

Insgesamt stellt diese Arbeit einen Lösungsansatz vor, der die *Synthese und Optimierung* digitaler Zustandsregelungen von elektromechanischen Vorschubantrieben bereits in der Konzeptions- bzw. Konstruktionsphase des Systems ermöglicht. Hieraus leitet sich folgende Aufgabenstellung ab:

1. Praxisnahe Modellbildung des kompletten elektromechanischen Hybridsystems auf der Basis eines speziellen (ELFE_FE[1] [14]) und eines allgemeinen FE-Programmes bzw. der Methoden der Technischen Mechanik (Lagrange'sche Gleichung 2. Art) unter Verwendung der Konstruktionsunterla-

---

[1] Electric Feed Drives_Finite Elements

gen für die mechanischen Komponenten und der elektrischen Kenngrößen des Vorschubmotors mit zugehöriger Leistungselektronik.

2. Reduktion des Systems hoher Ordnung (large-scale system) nach einem geeigneten Verfahren.

3. Entwurf und Simulation geeigneter digitaler Regelungsstrukturen im Zustandsraum für das elektromechanische Hybridsystem auf der Basis des reduzierten Modells.

4. Erprobung des digitalen Zustandsreglers am realen Vorschubantrieb.

Für die Implementierung der digitalen Regler- und Beobachterstrukturen wurde der Vorzug einer *Transputerhardware* gegeben [55]. Die Netzwerkkonfiguration bestand dabei aus zwei T800-20 32-Bit Prozessoren von INMOS [36, 37] in RISC Architektur mit integrierter FPU. Um die umfangreichen Möglichkeiten der Prozessoren, bzw. des Netzwerkes zur *parallelen Datenverarbeitung* optimal zu nutzen, erfolgte die Programmierung in der speziell für Transputer entwickelten Sprache Occam [4, 33, 34].

Die Bezeichnung „Hybridsystem" steht im Rahmen dieser Arbeit für elektrische Vorschubantriebsmodelle, die sowohl die *mechanischen* Eigenschaften als auch die *elektrischen* Eigenschaften des Systems berücksichtigen.

2 Beschreibung des Versuchsstandes

Der strukturelle Aufbau der Versuchsanlage kann dem Schema nach **Bild 2.1** entnommen werden. Hierin sind nur die für die digitale Zustandsregelung wesentlichen Systemkomponenten berücksichtigt.

Die mechanische Übertragungsstruktur kennzeichnen folgende Merkmale:

- Spielfrei vorgespannter Kugelgewindetrieb mit einer Spindelsteigung $h = 10\,\text{mm}$ und interner Kugelumlenkung mit Umlenkstücken (**Bild 2.2**).

- Wahlweise:

  - Angestellte Lagerung in O-Anordnung mit auf Zug vorgespannter Kugelgewindespindel (Lagerung maximaler Steifigkeit) oder

  - Fest-Loslagerung.

- Zahnriemenstufe mit der Übersetzung $i = 1,25$. Die Vorspannung beträgt ca. 1000 N, der Riemen besitzt Polygonprofil.

- Maschinenschlitten mit hydrodynamischen Gleitführungen (Flachführungen mit Umgriff, Impulsschmierung). Die Materialpaarung ist GG/GG.

Als Antrieb standen zwei völlig unterschiedliche Motoren mit zugehöriger Leistungsbaugruppe zur Verfügung:

- Motor A: konventioneller, d. h. bürstenbehafteter Gleichstrommotor;

- Motor B: bürstenloser, elektronisch kommutierter Gleichstrommotor.

Die Leistungsbaugruppe der Antriebe bestand jeweils aus einem pulsbreitenmodulierten 4-Quadranten-Transistorsteller mit 2,5 kHz Taktfrequenz. Der komplette Aufgabenbereich der Hard- und Software, d. h. die Meßdatenerfassung und -verarbeitung sowie die Ausführung der Regelalgorithmen und die notwendige Stellsignalaufbereitung für den jeweiligen Vorschubmotor erfolgte auf *zwei* Ebenen.

Die erste Ebene bestand aus einer antriebsnahen frontend Karte mit *assemblerprogrammierter und interruptgesteuerter* INTEL 8086-CPU, deren Aufgabe zum einen in der Vorverarbeitung der für die Regelung benötigten Systemzustände Schlittenposition, Ankerstrom und Motordrehzahl besteht. Zum anderen enthält die Karte den kompletten Steuersatz zur Aufbereitung des Ankerspannungssollwertes in digitale Stellsignale für das entsprechende Leistungsteil.

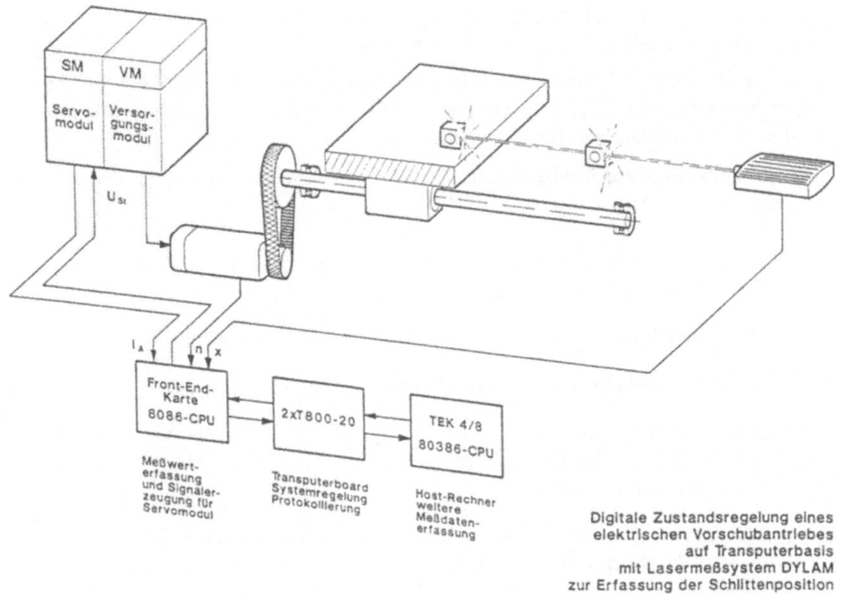

Bild 2.1: Struktureller Aufbau des Versuchsstandes

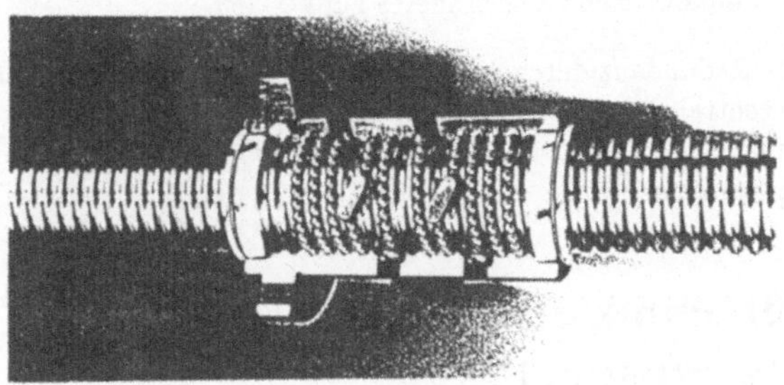

Bild 2.2: Schnittbild einer Kugelgewindespindel mit interner Umlenkung (Warner Electric)

Auf der Transputerplatine erfolgt die *digitale Zustandsregelung* durch einen der beiden T800-20 RISC Prozessoren; weiterhin die Protokollierung der während der Regelungsdauer erfaßten Meßwerte sowie beliebiger regelungsinterner bzw. prozeßspezifischer Zustände (z. B. für die Echtzeitkontrolle).

Bindeglied zwischen Benutzer und Transputernetzwerk ist der als Host-Rechner bezeichnete 80386/387-AT mit integrierter TEK 4/8. Dieser tauscht vor, während und nach dem Ablauf der Regelung Daten mit dem Netzwerk aus.

Die gewählte Hardwarekonfiguration besitzt folgende Vorteile gegenüber konventionellen Systemen:

- Einfache Erweiterungsmöglichkeit bei Leistungsengpässen durch Aufrüstung mit weiteren T800 oder T414 Prozessoren.

- Heterogene Netzwerke aus T800 und low cost T414 Prozessoren sind möglich.

- Mehrachsregelungen sind damit ebenfalls prinzipiell realisierbar.

- Durch die integrierte MPST-Bus Schnittstelle auf der Netzwerkkarte besteht die Möglichkeit der Einbindung der digitalen Zustandsregelung in entsprechende NC-Steuerungen.

- Bei Änderungen der Prozessorenanzahl bzw. -zusammensetzung wird nur eine Neukonfiguration per *Software* benötigt zur Systemanpassung (vgl. heterogene Netzwerke).

- Andere Motorenkonzepte benötigen lediglich neue, spezifisch angepaßte frontend Karten, das Assemblerprogramm kann unverändert übernommen werden.

- Die Dezentralisierung verschiedener Teilaufgaben sorgt für teilweisen Lastausgleich zwischen Transputernetzwerk und 8086-CPU sowie zeitparalleles Abarbeiten entsprechend zugeordneter Funktionen.

- Mehrfache Redundanz durch völlig unabhängig voneinander arbeitende Programme (zentrales Occam-Programm auf Transputernetzwerk und dezentrales Assemblerprogramm auf der 8086-Karte) erhöht die Zuverlässigkeit des gesamten Systems.

2.1 Meßtechnik zur Erfassung der Systemzustände

Als relativ einfach zu erfassende Systemzustände kommen an elektrischen Vorschubantrieben mit permanenterregten Gleichstrommotoren üblicherweise folgende drei physikalische Größen in Frage:

- Schlittenposition x, entspricht hier der Regelgröße,

- Ankerstrom i_A,

- Motordrehzahl n.

Weitere Größen, die zusätzliche Information über das dynamische Verhalten des Gesamtsystems enthalten, wie z. B. die Drehzahl der Kugelgewindespindel, die Umfangsgeschwindigkeit des Zahnriemens oder der Drehwinkel des Motors erfordern bei der zugrundeliegenden Antriebskonstellation im Normalfall zusätzliche Meßaufnehmer und erhöhen ganz allgemein den finanziellen und konstruktiven Aufwand. Für den in der Praxis häufigen Fall, daß die Zahl der Systemzustände im Differentialgleichungssystem des Streckenmodells größer ist als die Zahl der meßbaren Größen, existieren Methoden zur Rekonstruktion dieser fehlenden Zustände, vgl. insbes. Abschnitt 6.

2.1.1 Meßtechnik zur Erfassung der elektrischen Systemgrößen Ankerstrom und Motordrehzahl

Die Motordrehzahl ist bei beiden Motortypen vergleichsweise problemlos zu erfassen und zu verarbeiten: Ein in das Motorgehäuse integrierter Tachogenerator liefert proportional zur Motordrehzahl eine Gleichspannung:

- Motor A: 40 V bei einer Nenndrehzahl $n_N = 2000\,\text{min}^{-1}$

- Motor B: 10 V bei einer Nenndrehzahl $n_N = 3000\,\text{min}^{-1}$

In beiden Fällen ist bereits eine gute Störunterdrückung höherfrequenter Signalanteile vorhanden, so daß jeweils nur eine Pegelanpassung an die maximale Eingangsspannung (± 5 V) des A/D-Wandlers auf der 8086-Karte vorgenommen werden muß.

Grundsätzlich problematischer ist dagegen die Erfassung des Ankerstromes. Bedingt durch die Pulsbreitenansteuerung des 4-Quadranten-Transistorstellers entstehen höherfrequente Anteile im Nutzsignal. Deshalb wird ein geeignetes Tiefpaßfilter (anti-aliasing) benötigt, um das Abtasttheorem nicht zu verletzen. Die Filterung erfolgt mit Aktivfilterbausteinen für beide Motoren auf der zugehörigen frontend Karte und wurde wie folgt ausgelegt:

- Motor A: Bessel-Tiefpaß 4. Ordnung: $\omega_{3dB} = 700\,\text{rad/s}$

- Motor B: Butterworth-Tiefpaß 3. Ordnung: $\omega_{3dB} = 700\,\text{rad/s}$

Beide Zustandsgrößen (Motordrehzahl n, Ankerstrom i_A) werden auf der zugeordneten frontend Karte jeweils zur Kostenersparnis durch einen einzelnen 12 Bit A/D-Wandler mit Multiplexer verarbeitet.

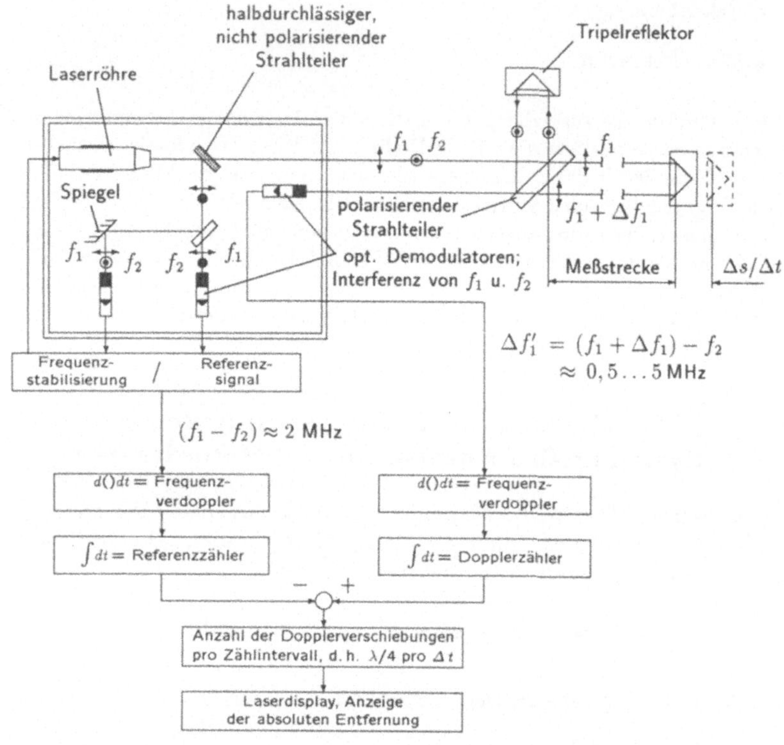

Bild 2.3: Dynamisches Lasermeßsystem DYLAM [52, 53]

2.1.2   Laserinterferometrie zur Erfassung der Schlittenposition

Zur hochgenauen Erfassung der Schlittenposition wird am Versuchsstand das modifizierte *dynamische Lasermeßsystem* DYLAM eingesetzt (**Bild 2.3**) [52, 53]. Der für diese Arbeit gewählte optische Aufbau gewährleistet eine Auflösung von $\frac{\lambda}{4} \approx 0,158\,\mu\mathrm{m}$. Die maximal zulässige Objektgeschwindigkeit liegt systembedingt bei 18 m/min. Im Vakuum beträgt die Wellenlänge des Laserlichtes (He-Ne-Laser) $\lambda = 0,632\,991\,399\,\mu\mathrm{m}$ [75]. Das Funktionsprinzip des Meßsystems sei im folgenden kurz erläutert.

Der Laserkopf sendet zwei koaxiale, linear orthogonal polarisierte Strahlen, die durch Zeeman-Aufspaltung innerhalb der Laserröhre erzeugt werden. Der Frequenzabstand der beiden Strahlen f_1 und f_2 beträgt nur ca. 2 MHz. Diese Differenzfrequenz wird laserkopfintern gemessen und dient zum einen als sog. Referenz-

Differenz-Frequenz

$$\Delta f = f_1 - f_2 \tag{2.1}$$

für den weiteren Auswerteprozeß. Zum anderen wird aus ihr das Stellsignal zur Frequenz- bzw. Wellenlängenstabilisierung der Laserröhre abgeleitet.

Die Strahlen durchlaufen längs der optischen Achse einen polarisierenden Strahlteiler. Der Referenzstrahl f_2 wird dabei über den feststehenden Tripelspiegel (vgl. **Bild 2.1** und **2.3**) parallel reflektiert. Der Meßstrahl f_1 passiert den Strahlteiler ungehindert und durchläuft die Meßstrecke. Am Ende der Meßstrecke wird f_1 durch einen in der optischen Achse bzw. in der Vorschubachse beweglichen Tripelreflektor parallel reflektiert. Bei der Reflexion am bewegten Schlitten erfährt der Meßstrahl f_1 eine Frequenzverschiebung nach dem Dopplereffekt.

Nach erneutem Passieren des Strahlteilers interferieren der dopplerverschobene Meßstrahl $f_1 \pm \Delta f_1$ und der Referenzstrahl f_2. Die dadurch entstehende Schwebungsfrequenz = Meßfrequenz

$$\Delta f' = f_1 \pm \Delta f_1 - f_2 \tag{2.2}$$

kann mit einem geeigneten Photodetektor sensorisch anhand des Wechsels zwischen Intensitätsmaxima und -minima erfaßt und in elektrische Impulse umgewandelt werden.

Nach optoelektronischer Aufbereitung und Auswertung der Signale aus Meßfrequenz und Referenz-Differenz-Frequenz mittels zweier Zähler und Subtraktion der Zählerstände in konstanten Zeitintervallen Δt stellt das Ergebnis die Anzahl der Dopplerverschiebungen als Vielfaches von $\frac{\lambda}{4}$ im Zeitintervall Δt dar und ist damit als Integral der Frequenz über der Zeit ein Maß für den vom Reflektor zurückgelegten Weg $x(t)$:

$$
\begin{aligned}
\Delta f - \Delta f' &= f_1 - f_2 - (f_1 \pm \Delta f_1 - f_2) \\
&= \mp \Delta f_1 \tag{2.3} \\
x(t) &= \int_0^t \Delta f_1 d\tau \tag{2.4}
\end{aligned}
$$

Die digitale Lageinformation, die hier neun Dezimalstellen entspricht, wird mit Hilfe einer logischen Schaltung in ASCII Code mit je zwei Dezimalstellen pro Byte komprimiert. Anstelle einer weiteren, höchstwertigen zehnten Dezimalstelle steht das Lagevorzeichen bezüglich eines beliebig wählbaren Nullpunktes auf der Schlittenverfahrachse. Die Arbeitsweise des Lasermeßsystems ist folglich relativ.

Das Meßsystem auf laserinterferometrischer Basis besitzt mit seiner extrem hohen Auflösung bei ca. 4,1 kHz maximaler Abtastfrequenz den Vorteil, daß Diskretisierungsfehler und damit ungünstige Beeinflussungen der Zustandsregler und Beobachteralgorithmen vernachlässigbar sind [24].

Die tatsächliche Wellenlänge des Laserlichtes hängt von den Umgebungsbedingungen ab, speziell der Lufttemperatur, der relativen Luftfeuchte und dem relativen Luftdruck. Die Kompensation, d. h. die Umrechnung auf Normalbedingungen ($\vartheta = 20°, p = 1013\,\text{hPa}, RF = 50\%$) erfolgt am Versuchsstand zweckmäßigerweise

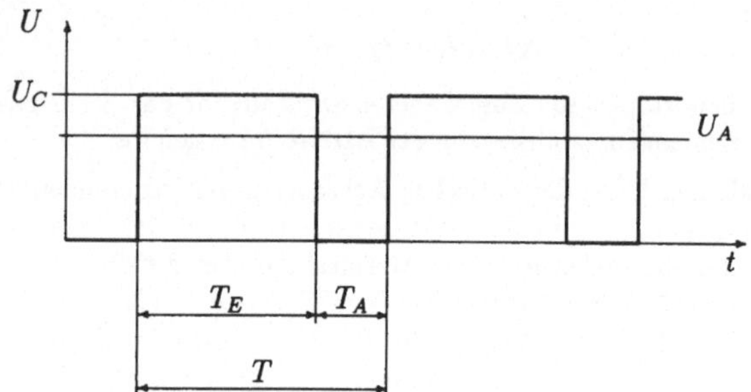

$T = T_E + T_A$ = konst. : Periodendauer
T_E : Einschaltdauer
T_A : Ausschaltdauer
$f = 1/T = 2,5\,\text{kHz}$: Schaltfrequenz
U_C : gleichgerichtete Eingangsspannung des Transistorstellers
U_A : Gleichspannungsmittelwert der Ankerspannung

Bild 2.4: Prinzip der Pulsbreitenmodulation

on line durch einen multiplikativen Faktor, der aus der empirisch ermittelten Edlén-Formel [9, 10] berechnet wurde.

Bei *praktischen* Anwendungen im Werkzeugmaschinenbau ist darüberhinaus der Einfluß der Materialtemperatur von großer Bedeutung.

2.2   Elektrische Antriebskonzepte

Beiden verwendeten Antriebskonzepten gemein ist ein pulsbreitenmodulierter 4-Quadranten-Transistorsteller [21, 67]. Das Prinzip der Pulsbreitenmodulation ist in **Bild 2.4** dargestellt. Die eingestellte Taktfrequenz f des Transistorstellers betrug für beide Motoren jeweils $2,5\,\text{kHz}$. Durch Variation des Verhältnisses aus Einschaltzeit und Ausschaltzeit der Leistungstransistoren wird ein entsprechender Gleichspannungsmittelwert für die Ankerspannung U_A erzielt. Die zu schaltende Eingangsspannung U_C entspricht dabei der gleichgerichteten Nennanschlußspannung der Versorgungsmodule für die Antriebe [21, 67]. Die Motorinduktivität sorgt bei der vergleichsweise hohen Schaltfrequenz für die Glättung des Stromes und damit für die Gleichförmigkeit des abgegebenen Moments.

Das jeweils benötigte Steuerimpulsraster wird auf der zugehörigen frontend Karte in Abhängigkeit vom Ankerspannungssollwert $U_{A,soll}$ erzeugt. Für den Fall des konventionellen Gleichstrommotors werden die Endstufentransistoren der Leistungsbaugruppe erst nach Trennung der Stromkreise mittels Optokoppler direkt von der Impulsrasterlogik angesteuert.

2.3   Datenverarbeitung

Alle meßtechnisch erfaßten Systemzustände werden durch interne Verarbeitung auf der frontend Karte aufbereitet und in konstanten Zeitabständen $T_{ab} = 1\,\mathrm{ms}$, an die Transputerplatine weitergereicht. Die Übergabe erfolgt nach einem festgelegten Protokoll. Neben den physikalischen Systemgrößen Schlittenposition x, Ankerstrom i_A und Motordrehzahl n wird ein sog. Fehlerbyte übertragen. Damit erhält die zentrale Transputer-CPU Informationen über

- interne Fehler auf der frontend Karte,

- Störungen der externen Sensoren zur Erfassung der Systemzustände sowie

- Datenübertragungsfehler.

Die Übertragung der Lageinformation vom Lasermeßsytem erfolgt als 5 Byte Paket entsprechend 9 Dezimalstellen und 1 Vorzeichen mit absteigender Wertigkeit der Stellen seriell mit 10 MBit/s. Das erste gesendete Byte enthält im high Anteil die zu #F für positive und zu #B für negative Schlittenpositionen verschlüsselte Information. Von einem für diese Schnittstelle reservierten Link-Adapter werden die seriell übertragenen Bytes auf der frontend Karte empfangen, um anschließend über den 8 Bit breiten Datenbus auf einem RAM-Baustein zwischengespeichert zu werden.

Die Information über Motordrehzahl n und Ankerstrom i_A wird jeweils in 2 Byte abgelegt.

Die eigentliche Verarbeitung der in der Übertragungstabelle binär enthaltenen Daten über den Systemzustand erfolgt auf der Transputerplatine.

2.3.1   Transputerkarte

Bei einem Transputer handelt es sich allgemein um einen Microcomputer mit eigenem lokalen Speicherbereich und mit Schnittstellen, sog. Links, die den Prozessor mit anderen Transputern und mit der „Außenwelt" verbinden [36, 37]. Transputer können als single chip oder in Netzwerken nahezu beliebiger Größe mit entsprechend hoher Rechenleistung unter voller Ausnutzung der implementierten Paralleleigenschaften [23] verwendet werden. Netzwerke entstehen durch Vermaschung mehrerer Transputer. Dazu dienen die vier seriellen Schnittstellen je Transputer, üblicherweise als Links bezeichnet. Sie stellen spezielle DMA-Kanäle dar, die unabhängig von der CPU Daten vom und zum Speicher übertragen können.

Transputer sind mittlerweile in den meisten Hochsprachen programmierbar. Jedoch gewährt die spezielle Transputer Programmiersprache Occam mit dem Komfort einer Hochsprache ein Maximum an Effektivität durch die Möglichkeit, sämtliche Sonderfunktionen eines Transputers nutzen zu können. So ist in Occam der Zugriff auf alle Hardwareelemente des Transputers in einfacher Weise möglich, ohne daß der Programmierer sich um Register, Adressen und ähnliches kümmern braucht. Der Maschinencode hingegen weist die Dichte der Assemblerprogrammierung auf [4, 33, 34].

Bei den zur Durchführung der digitalen Zustandregelung eingesetzen Transputern handelt es sich um zwei vernetzte T800-20 32-Bit Prozessoren in RISC Architektur mit 4 kB on-chip RAM. Die verwendete Transputerkarte wurde im Rahmen von [55] entwickelt und ermöglicht über eine vollständige MPST-Bus Schnittstelle die Einbindung in eine entsprechend ausgestattete NC-Steuerung.

Von einem gewöhnlichen Transputer Entwicklungsboard TEK 4/8 im Host-Rechner (Link_2) aus wird der lokale Speicherbereich mit ausführbarem Objectcode über Link_0 geladen und das Netzwerk gestartet.

2.3.2 Occam-Softwareentwicklung

Für die Occam-Softwareentwicklung wird das INMOS TDS2 Betriebssystem eingesetzt [35]. Hardwarevoraussetzungen dafür sind

- ein INMOS B004 Board oder dazu kompatible Transputerkarte, die mit mindestens 2 MB dynamischem RAM bestückt sein muß.

- Weiterhin ein Host-PC, der als Ein- bzw. Ausgabeterminal und Datenhalter fungiert.

Da der Occam Compiler in Interaktion mit dem Host-Rechner arbeitet, beschreibt er auf der Festplatte Files noch während des Compilerlaufes. Je nach Plattenzugriffszeit und abhängig vom verwendetem Controller kann deshalb die Compilergeschwindigkeit drastisch herabgesetzt werden. Dieser Umstand fällt bei großen Programmen evtl. stark ins Gewicht und verhindert dann effizientes Arbeiten.

Bei der eingesetzten Transputerentwicklungskarte TEK 4/8 handelt es sich um eine Einschubkarte für PC/XT bzw. AT und alle Kompatiblen. **Bild 2.5** zeigt das zugehörige Schema des Boards. Herzstück der TEK ist ein T414 Transputer mit 15 MHz Taktfrequenz. Optional ist auch die Verwendung eines T800 möglich. Die Transputerlinks werden über Treiber gepuffert. Der Speicherbereich besteht aus 2 MB dynamischem RAM. Neben dem Treiber sind noch Paritybausteine vorhanden, die jedoch von der zur Verfügung stehenden TDS2 Version noch nicht unterstützt wurden [37]. Von vorneherein ist Link_0 für die Übertragung der Software von und zum Host-Rechner reserviert. Ein host interface auf der TEK 4/8 sorgt für die Überwachung der Datenübertragung zum PC. Die Daten werden auf der Transputerseite in serieller Form, auf PC Seite in 8 Bit breitem, parallelem Strom übertragen. Die Umsetzung in das verlangte Format bewerkstelligt der INMOS Link-Adapter C011.

2.3.3 Hardwarearchitektur und interne Signalstruktur

Zusammenfassend zeigt **Bild 2.6** die Hardwarearchitektur und interne Signalstruktur zur Durchführung der digitalen Zustandsregelung. Zur Kommunikation

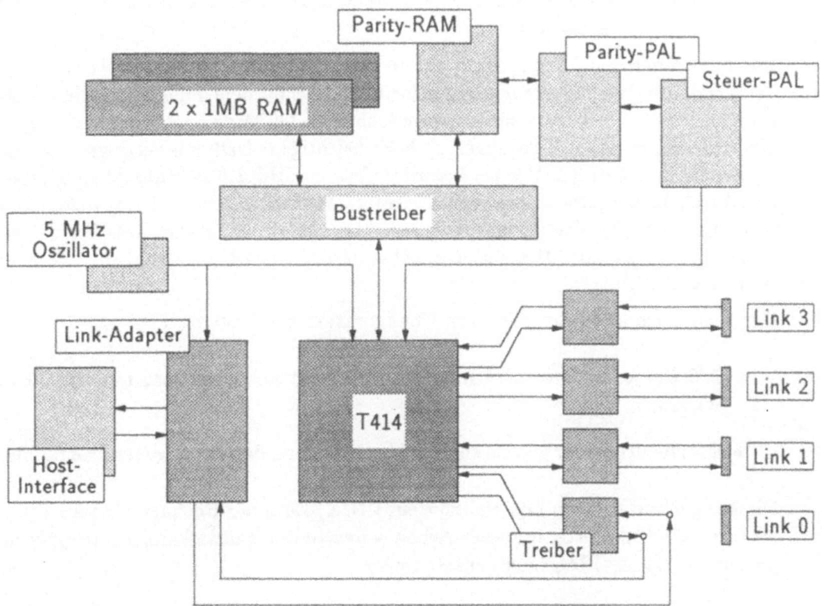

Bild 2.5: Schema der verwendeten Transputerentwicklungskarte

zwischen den einzelnen Funktionsblöcken werden sog. Link-Adapter eingesetzt. Während für das host interface der Typ C011 wie oben angedeutet Verwendung findet, werden alle weiteren Datenschnittstellen durch C012 Bausteine realisiert. Grundsätzlich stellen die Link-Adapter C012 und C011 lediglich Schnittstellen dar, die den Transputern ermöglichen, mit anderen Prozessoren zu kommunizieren. In diesem Fall mit den Intelprozessoren 8086 auf der frontend Karte und dem 80386 auf der Host-Rechnerseite. Dabei weist der C011 gegenüber dem C012 einige weiterreichende Beschaltungsmöglichkeiten auf.

Da die Übertragung samt Protokoll automatisch abläuft und mit einer einfachen vieradrigen Verbindung bidirektional Daten übertragen werden können, bietet sich der Einsatz der INMOS Link-Adapter auch in Anwendungen *ohne* Transputer an. Von dieser Möglichkeit wird bei der Ankopplung des Laserinterface an die frontend Karte Gebrauch gemacht.

Die Datenübertragungsrate kann auf 10 oder 20 MBit/s eingestellt werden. Bei der Ermittlung der Übertragungsgeschwindigkeit sind neben den Start- und Stopbits auch die in den Datenstrom eingeflochtenen Quittierungen bei gleichzeitiger Übertragung in beide Richtungen zu berücksichtigen. Dadurch verringert sich die maximale Transferrate. Der als Laserinterface in **Bild 2.6** gekennzeichnete Funktionsblock beeinhaltet neben der Datenformatwandlung bzw. Link-Ankopplung auch die multiplikative on line Kompensation der (in Form von $\lambda/4$-Werten) gemessenen Schlittenposition zur Umrechnung auf Normalbedingungen (vgl. auch Abschnitt 2.1.2).

Der Host-Rechner in der primären Konfiguration des Systems dient als

- I/O-Device für das integrierte Transputerentwicklungsboard und das TDS2 sowie zur

- Datenhaltung der gesamten TDS2 Software und benutzereigener Programme.

Bei geeignetem Ausbau (Betriebssystem UNIX) kann der Rechner auch als Plattform für die komplette, in dieser Arbeit vorgestellten Entwicklungskette einer digitalen (Zustands-)Regelung Einsatz finden:

- komplexe Modellgenerierung und -analyse (vgl. Abschnitt 3),

- Ordnungsreduktion (vgl. Abschnitt 5),

- Synthese des Zustandsreglers (vgl. Abschnitt 6),

- digitale Simulation zur Überprüfung der Realisierbarkeit (vgl. Abschnitt 8),

- Generierung eines lauffähigen Occam-Programmes zur Durchführung der Regelung (vgl. Abschnitt 8).

Die Softwaremodule in dieser Arbeit wurden zum Zweck möglichst einfacher Portierung an bestehende Betriebssysteme bzw. Compiler entwickelt.

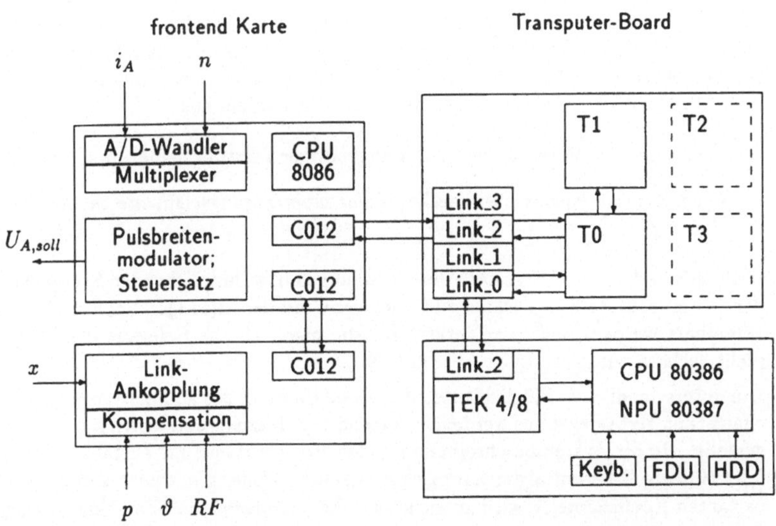

Bild 2.6: Veranschaulichung des Zusammenspiels der einzelnen Hardwarekompo-
nenten. Die Transputer T2 und T3 sind optional. Link_0, Link_1,
Link_2 und Link_3 bezeichnen das jeweils freie *externe* Link der einzelnen Transputer des Netzwerks; $U_{A,soll}$: Ansteuersignale für das zugeordnete Leistungsteil.

3 Modellbildung elektromechanischer Hybridsysteme

Wesentlich stärker als bei konventionellen Reglerstrukturen (i. allg. mit PID-Charakteristik) ist der Erfolg *digitaler Zustandsregelungen* mit der Güte des zugrundeliegenden mathematisch-physikalischen Abbilds des realen Systems verbunden. Insbesondere die Qualität der Rekonstruktion von Streckenzuständen für den meist notwendigen Beobachterentwurf hängt direkt von den Modelleigenschaften ab (vgl. Abschnitt 6). Bei der Suche nach brauchbaren Ersatzmodellen für das reale Objekt, hier ein elektromechanisches Hybridsystem aus

- elektrischem Vorschubmotor mit zugehöriger Leistungsbaugruppe und

- der Summe gekoppelter mechanischer Übertragungselemente im Antriebsstrang,

stellt sich deshalb die Frage nach der notwendigen bzw. hinreichenden Komplexität der Systembeschreibung. Dabei muß auch der Grad der zulässigen Vereinfachungen vereinbart werden, und zwar derart, daß die physikalische Relevanz des Modells nicht verletzt wird, vgl. auch Abschnitt 8.

Die unterschiedlichen Möglichkeiten der Modellbildung des kompletten elektromechanischen Hybridsystems werden im folgenden aufgezeigt und kritisch gegenübergestellt. Da die Systembeschreibung für den Reglerentwurf im Zustandsraum erfolgt (lineare Differentialgleichungssysteme erster Ordnung mit konstanten, zeitinvarianten Koeffizienten), wird zunächst auf die entsprechende Nomenklatur eingegangen.

Die Zustandsdarstellung für *lineare, zeitinvariante* Systeme mit einem Eingang und mehreren Ausgängen (SIMO) lautet:

$$\begin{aligned}
\underline{\dot{x}}(t) &= \underline{A}\,\underline{x} + \underline{b}\,u(t) \\
\underline{y}(t) &= \underline{C}\,\underline{x}(t) + \underline{d}\,u(t)
\end{aligned} \qquad (3.1)$$

Hier o. E. $\underline{d} \equiv 0$ (kein sprungfähiges System). In den Gleichungen ist:

$$\begin{aligned}
\underline{A} &\in \mathbb{R}^{n,n} : \text{Systemmatrix} \\
\underline{b} &\in \mathbb{R}^{n,1} : \text{Eingangsvektor} \\
\underline{C} &\in \mathbb{R}^{m,n} : \text{Ausgangsmatrix} \\
\underline{x}(t) &\in \mathbb{R}^{n,1} : \text{Zustandssvektor} \\
u(t) &\in \mathbb{R}^{1,1} : \text{Stellgröße} \\
\underline{y}(t) &\in \mathbb{R}^{m,1} : \text{Ausgangsvektor}
\end{aligned}$$

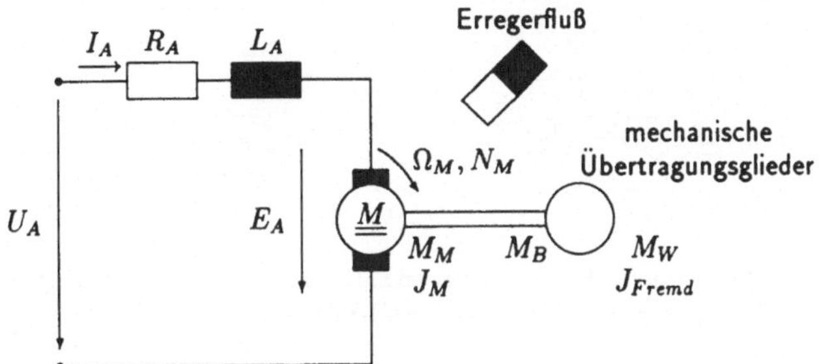

Bild 3.1: Ersatzschaltbild des Gleichstrommotors mit starr gekoppelter Mechanik

Ausgangspunkt jeder Reglerauslegung ist die mathematisch-physikalische Beschreibung der Regelstrecke. Dabei spielt es zunächst keine Rolle, ob eine konventionelle Kaskadenregelung oder eine digitale Zustandsregelung das Entwurfsziel darstellt.

3.1　Gleichstrommotor mit starr gekoppelter Mechanik (M1)

Kern der Modellbildung des elektromechanischen Hybridsystems ist das physikalische Ersatzschaltbild des elektrischen Vorschubmotors. Für die in dieser Arbeit eingesetzten permanenterregten Gleichstromnebenschlußmotoren, gleichgültig ob konventionell bürstenbehaftet oder bürstenlos, gilt das Ersatzschaltbild in **Bild 3.1**. Dabei wird die *hinreichend starre* Kopplung des Fremdträgheitsmomentes an die Motorwelle vorausgesetzt. Im folgenden werden die benötigten Grundgleichungen des Gleichstrommotors mit konstanter Felderregung zusammengestellt und entsprechend aufbereitet. Für den Ankerkreis gilt:

$$U_A - E_A = R_A \cdot I_A + L_A \cdot \dot{I}_A \tag{3.2}$$

mit der induzierten Gegenspannung E_A:

$$E_A = K_E \cdot \Omega_M \tag{3.3}$$

Die Drehmomentenbilanz liefert:

$$M_M = M_W + M_B = M_W + J_{ges} \cdot \dot{\Omega}_M \tag{3.4}$$

wobei für das Motordrehmoment M_M gilt:

$$M_M = K_T \cdot I_A \tag{3.5}$$

Das gesamte Trägheitsmoment des Vorschubantriebs auf die Motorwelle bezogen folgt zu:

$$J_{ges} = J_M + J_{Fremd} \tag{3.6}$$

Bild 3.2: Approximation des Totzeitverhaltens des Transistorstellers durch ein PT1- (a) oder P-Übertragungsglied (b)

Die bisherige Modellannahme vernachlässigt das dynamische Verhalten des pulsbreitenmodulierten Transistorstellers. Aus regelungstechnischer Sicht aber stellt die Leistungsbaugruppe des Antriebs näherungsweise ein Totzeitglied dar:

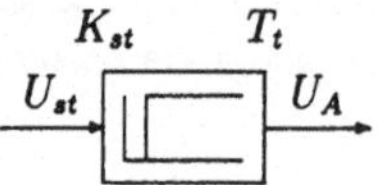

Dabei ist allgemein:

U_{st} : Steuersignal des Transistorstellers, entsprechend
              der einzustellenden Ankerspannung

K_{st} : Verstärkungsfaktor des Transistorstellers

T_t : Totzeit

U_A : Ankerspannung

Häufig wird das Totzeitglied für die lineare Simulation durch ein PT1- oder sogar ein P-Übertragungsglied substituiert, **Bild 3.2**. Im folgenden wird bei der Aufstellung der Systemgleichungen der Einfachheit halber mit einer proportionalen Annäherung weitergearbeitet.

Für die weitere regelungstechnische Betrachtung ist es nützlich eine geeignet normierte Systembeschreibung zu verwenden. Zweckmäßigerweise werden als Bezugsgrößen die folgenden Nennwerte gewählt:

U_{AN} : Ankernennspannung

I_{AN} : Ankernennstrom

M_N : Motornennmoment

N_N : Motornenndrehzahl

Bei der Normierung des Transistorstellers muß Berücksichtigung finden, daß dieser auf der antriebsspezifischen frontend Karte voll digital ausgeführt ist und daher inkremental angesteuert wird. Als Bezugsgröße für U_{st} wird die entsprechende

Anzahl von Inkrementen p_N verwendet, die notwendig ist, um Motornenndrehzahl N_N, bzw. Ankernennspannung U_{AN} einzustellen. Insgesamt resultiert für den Verstärkungsfaktor K_{st} des Transistorstellers die Beziehung:

$$K_{st} = \frac{U_C}{U_{AN}} \cdot \frac{p_N}{p_{max}}$$

U_C entspricht dabei der gleichgerichteten Nennanschlußspannung des Versorgungsmoduls für den jeweiligen Vorschubmotor. Mit den normierten Größen:

$$u_A = \frac{U_A}{U_{AN}}, \quad e_A = \frac{E_A}{U_{AN}}, \quad i_A = \frac{I_A}{I_{AN}}, \quad m_M = \frac{M_M}{M_N}, \quad m_W = \frac{M_W}{M_N}$$

$$n = \omega = \frac{N_M}{N_N} = \frac{\Omega_M}{\Omega_N}, \quad u_{st} = \frac{U_{st}}{p_N}$$

$$r_{AN} = \frac{R_A I_{AN}}{U_{AN}} : \text{normierter Ankerwiderstand}$$

$$T_{JN} = \frac{J_{ges}\Omega_N}{M_N} : \text{Trägheitsnennzeitkonstante}$$

$$T_{el} = \frac{L_A}{R_A} : \text{elektrische Zeitkonstante}$$

erhält man nach Einsetzen in die Gleichungen (3.2) bis (3.5) unter Berücksichtigung der formalen Integration von n auf x sowie von

$$\Omega_M = 2\pi N_M$$
$$K_E = \frac{U_{AN}}{\Omega_N}$$
$$K_T = \frac{M_N}{I_{AN}} \tag{3.7}$$

das normierte Blockschaltbild (**Bild 3.3**). Dabei ist zu beachten, daß auf Grund der vorgenommenen Normierung des physikalischen Ankerstroms I_A und des physikalischen Motormoments M_M zusammen mit den Gleichungen (3.5) und (3.7) folgende Identität erfüllt ist:

$$i_A \stackrel{!}{=} m_M \tag{3.8}$$

Um eine ständige Doppelbenennung zu vermeiden, wird die entsprechende Zustandsvariable im weiteren nur als i_A aufgeführt. Die Führungsübertragungsfunktion $F_w(s)$ des Gleichstrommotors folgt nach **Bild 3.3** unter der Voraussetzung $m_W = 0$ und mit der Abkürzung

$$T_{JN} r_{AN} = T_{mech} \tag{3.9}$$

zu:

$$F_w(s) = \frac{N(s)}{U_A(s)} = \frac{1}{1 + T_{mech}s + T_{el}T_{mech}s^2} \tag{3.10}$$

Das Nennerpolynom aus Gleichung (3.10) liefert die Eigenwerte des Systems entsprechend:

$$\lambda_{1,2} = -\frac{1}{2T_{el}} \pm \sqrt{\frac{1}{4T_{el}^2} - \frac{1}{T_{el}T_{mech}}} = -r \pm \sqrt{r^2 - \omega_{0,M}^2} \tag{3.11}$$

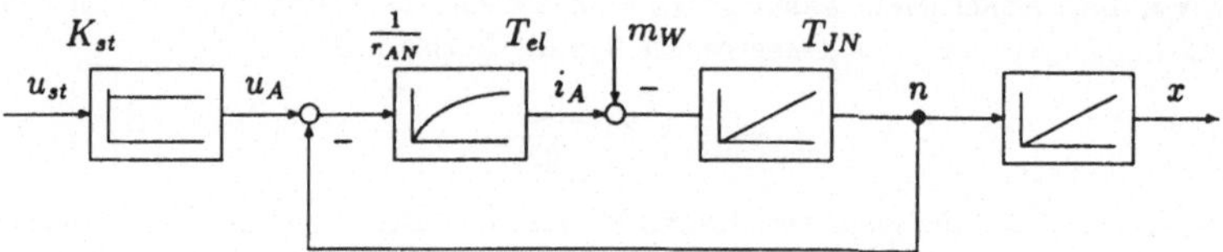

Bild 3.3: Normiertes Blockschaltbild des Gleichstrommotors; Transistorsteller als P-Übertragungsglied approximiert

Kenngröße	Bezeichnung	Motor A	Motor B	Einheit
T_{el}	elektrische Zeitkonstante	9,17	16,9	ms
T_{mech}	mechanische Zeitkonstante	14,9	7,8	ms
T_{JN}	Trägheitsnennzeitkonstante	467	191	ms
r_{AN}	normierter Ankerwiderstand	0,032	0,041	
K_E	Maschinenkonstante	0,84	0,54	Vs/rad
K_{st}	Verstärkung des Transistorst.	0,917	0,77	
K_T	Maschinenkonstante	0,8	0,54	Nm/A
$\omega_{0,M}$	Eigenkreisfrequenz	85,6	87,1	rad/s
D_M	Dämpfungsgrad	0,64	0,34	
I_{AN}	Ankernennstrom	11,4	49	A
M_N	Motornennmoment	9,12	26,5	Nm
N_N	Motornenndrehzahl	2000	3000	1/min
P_N	Nennleistung	2	9,4	kW
J_M	Motorträgheitsmoment	$8,5 \cdot 10^{-3}$	$3,77 \cdot 10^{-3}$	kgm^2

Tabelle 3.1: Zusammenstellung wichtiger Motorkenngrößen: konventioneller Gleichstrommotor (**A**) und bürstenloser Gleichstrommotor (**B**)

Die Eigenkreisfrequenz $\omega_{0,M}$ des ungedämpften Systems folgt daraus zu:

$$\omega_{0,M} = \sqrt{\frac{1}{T_{el}T_{mech}}} \tag{3.12}$$

Für das dimensionslose Dämpfungsmaß $D_M = \frac{r}{\omega_{0,M}}$ nach Lehr gilt:

$$D_M = \sqrt{\frac{T_{mech}}{4T_{el}}} \tag{3.13}$$

Die wichtigsten technischen Daten der beiden verwendeten Antriebe sind in der **Tabelle 3.1** zusammengefaßt.

Das Differentialgleichungssystem für das Modell aus Gleichstrommotor und starr gekoppelter Mechanik lautet nach **Bild 3.3** in Zustandsraumdarstellung:

$$\underline{\dot{x}}(t) = \begin{pmatrix} 0 & 1 & 0 \\ 0 & 0 & \frac{1}{T_{JN}} \\ 0 & -\frac{1}{r_{AN}T_{el}} & -\frac{1}{T_{el}} \end{pmatrix} \underline{x}(t) + \begin{pmatrix} 0 \\ 0 \\ \frac{K_{st}}{r_{AN}T_{el}} \end{pmatrix} u_{st}(t) \qquad (3.14)$$

Der Zustandsvektor $\underline{x}(t)$ enthält die Komponenten:

$$\underline{x} = \begin{pmatrix} x \\ n \\ i_A \end{pmatrix}$$

Die Ausgangsgleichung lautet für den Weg x angeschrieben:

$$y(t) = \underline{c}^T \underline{x}(t) = (1,0,0)\,\underline{x}(t) \qquad (3.15)$$

Dieses Modell wird im folgenden kurz als M1 bezeichnet. Sein Vorteil liegt in der Einfachheit der Darstellung. Die mathematische Beschreibung führt auf ein lineares Differentialgleichungssystem 3. Ordnung im Zustandsraum. Daher ist die direkte Verwendung als *Entwurfsmodell* zum Auslegen einer Regelung für gewöhnlich unproblematisch. Man benötigt neben den üblicherweise bekannten elektrischen Parametern des Vorschubmotors mit zugehörigem Leistungsteil nur ein einzelnes mechanisches Datum: das gesamte auf die Motorwelle reduzierte Trägheitsmoment der mechanischen Übertragungselemente. Die hierfür im wesentlichen benötigten geometrischen Parameter können normalerweise mit hoher Genauigkeit aus den Konstruktionszeichnungen des Antriebs ermittelt werden.

Der wesentliche Nachteil des Modells M1 liegt darin, daß *keine* mechanischen Eigenschwingungsformen Berücksichtigung finden können. Der Modellansatz ist nur unter der Voraussetzung gültig, daß die Gesamtheit der mechanischen Übertragungselemente im Antriebsstrang

1. „hinreichend starr" an die Motorwelle gekoppelt ist und sich darüberhinaus

2. wie eine einzige starre Masse verhält.

Die genannten Voraussetzungen sind aber an realen Systemen, d. h. elektrischen Vorschubantrieben in NC-Fertigungsanlagen, allenfalls nur in erster Näherung erfüllt. Wie in zahlreichen Arbeiten (z. B. [67, 71, 77]) dokumentiert, existiert ein in mehr oder minder hohem Maße immer vorhandener Einfluß des grundsätzlich schwingungsfähigen mechanischen Teilsystems im Antriebsstrang auf die Regelung des Gesamtsystems. Um das installierte Dynamikpotential moderner Vorschubservomotoren und ihrer Leistungsbaugruppen optimal (wirtschaftlich wie technisch) nutzen zu können, ist es notwendig, die elastischen Eigenschaften der mechanischen Strukturelemente bei der Modellbildung zum Entwurf der Regelung in geeigneter Weise mit zu berücksichtigen.

3.1.1 Formulierung der Bewegungsgleichung von Antriebssträngen

Prinzipiell entstehen Modelle komplexer Struktur für elektrische Vorschubantriebe durch die weitere Diskretisierung der mechanischen Übertragungsstruktur, d. h. die Idealisierung des Antriebsstranges aus einer mehr oder minder großen Anzahl von über Feder- und Dämpferelementen gekoppelten als starr angenommenen Massenelementen. Dabei finden häufig nur die im Kraftfluß liegenden Freiheitsgrade Berücksichtigung [67].

Eine entsprechend feine Diskretisierung verspricht zunächst auch die bessere Approximation des Rechenmodells an das reale Systemverhalten. Allerdings erhöht sich i. allg. auch der Aufwand zur Aufstellung der Bewegungsdifferentialgleichung des Systems entsprechend.

Im folgenden wird daher ein relativ leicht zu handhabendes und einfach zu programmierendes Verfahren zur Aufstellung der Bewegungsgleichung für *unverzweigte* Antriebsstränge vorgestellt wie sie elektromechanische Vorschubantriebe für gewöhnlich darstellen.

Ausgangspunkt ist die Lagrange'sche Gleichung 2. Art:

$$\frac{d}{dt}\left(\frac{\partial T}{\partial \dot{\underline{q}}}\right) - \frac{\partial T}{\partial \underline{q}} + \frac{\partial V}{\partial \underline{q}} - \frac{\partial R}{\partial \dot{\underline{q}}} = \underline{e} \tag{3.16}$$

mit der kinetischen Energie T, der potentiellen Energie V, der Dissipationsfunktion R, dem Vektor $\underline{e}$ der verallgemeinerten Kräfte und dem verallgemeinerten Lagevektor $\underline{q}$. T, V und R, sind dabei die Summen der Teilenergien der Massen- bzw. Koppelelemente:

$$T = \sum_{i=1}^{f} T_i \; ; \quad V = \sum_{i=1}^{m} V_i \; ; \quad R = \sum_{i=1}^{m} R_i \tag{3.17}$$

KÜÇÜKAY [45] leitet daraus in Anlehnung an die Kraftverschiebungsmethode die folgende Systematik zur einfachen Aufstellung und Programmierung der Bewegungsgleichungen nichtverzweigter Mehrkörpermodelle ab.

Als potentielle Energie wird hier nur das Federpotential berücksichtigt. Für das zugehörige Federpotential des i-ten Koppelelements erhält man die Beziehung

$$V_i = \frac{1}{2}c_i s_i^2 = \int_0^{s_i} F_i(\xi)d\xi \tag{3.18}$$

mit der Federkraft

$$F_i(s_i) = c_i s_i \tag{3.19}$$

Hierzu wird jeder Feder ein sog. Strukturvektor $\underline{w}_i$ zugeordnet, der gewissermaßen den geometrischen Zusammenhang zwischen der Federverformung s_i und dem Lagevektor $\underline{q}$ beschreibt als

$$s_i = \underline{w}_i^T \underline{q} \tag{3.20}$$

und somit die gleiche Ordnung wie $\underline{q}$ besitzen muß.

Für die Dissipationsfunktion R_i gelten analoge Verhältnisse.

Weiter läßt sich $\underline{e}$ als Summe der Vektoren der eingeprägten Kräfte und Momente $\underline{p}_i$ darstellen:

$$\underline{e} = \sum_{i=1}^{p} \underline{p}_i \tag{3.21}$$

Die kinetische Energie T ergibt sich als

$$T = \frac{1}{2}\dot{\underline{q}}^T \underline{\underline{M}} \dot{\underline{q}} \tag{3.22}$$

wobei $\underline{\underline{M}}$ die diagonale Massenmatrix ist:

$$\underline{\underline{M}} = \mathrm{diag}(m_1, m_1, m_1, J_{1x}, J_{1y}, J_{1z}, \ldots, m_k, m_k, m_k, J_{kx}, J_{ky}, J_{kz}) \tag{3.23}$$

mit

$$k : \text{Anzahl der Massenelemente des Systems}$$

Aus den Gleichungen (3.17) bis (3.23) erhält man die Bewegungsgleichung des Gesamtsystems:

$$\underline{\underline{M}}\ddot{\underline{q}} + \underline{\underline{D}}\dot{\underline{q}} + \underline{\underline{C}}\underline{q} = \underline{e} \tag{3.24}$$

Die symmetrischen Gesamtsteifigkeits- und Gesamtdämpfungsmatrizen $\underline{\underline{C}}$ und $\underline{\underline{D}}$ ergeben sich aus der Summe der jeweiligen Einzelmatrizen entsprechend der Anzahl m der Koppelelemente:

$$\underline{\underline{C}} = \sum_{i=1}^{m} \underline{\underline{C}}_i; \quad \underline{\underline{D}} = \sum_{i=1}^{m} \underline{\underline{D}}_i \tag{3.25}$$

mit

$$\underline{\underline{C}}_i = c_i\,\underline{w}_i\,\underline{w}_i^T; \quad \underline{\underline{D}}_i = d_i\,\underline{w}_i\,\underline{w}_i^T \tag{3.26}$$

Die Bewegungsgleichung (3.24) des Systems läßt sich also aus der Kenntnis der Strukturvektoren $\underline{w}_i$ und der Koppelelemente c_i und d_i, die beliebige nichtlineare Funktionen darstellen können, in einfacher Weise generieren. Bei kinematisch bestimmten Modellen besitzt $\underline{\underline{C}}$ den Rang f. Gleichbedeutend muß die Anzahl der Koppelelemente mit zugehörigen Strukturvektoren mindestens der Anzahl der Freiheitsgrade f des Systems entsprechen.

Das Verfahren wird im folgenden auf zwei unterschiedliche Idealisierungen realer Vorschubantriebsstrukturen angewendet.

3.2 Gleichstrommotor mit einer elastisch gekoppelten Masse (M2)

Vom mechanischen Standpunkt aus naheliegend ist die einfache Idealisierung des kompletten Vorschubsystems als über ein Federdämpferpaar (c_2, d_2) gekoppeltes Zweimassensystem, **Bild 3.4**. Das Trägheitsmoment J_1 repräsentiert den Vorschubmotor, J_2 steht für das gesamte, auf die Motorwelle reduzierte

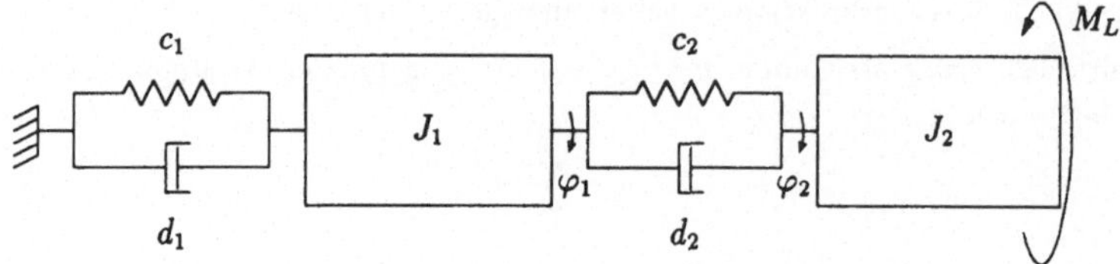

Bild 3.4: Einfaches Ersatzmodell für einen elektrischen Vorschubantrieb aus zwei mit Federdämpferelementen gekoppelten Einzelmassen; J_1: Motorträgheitsmoment, J_2: auf die Motorwelle reduziertes Fremdträgheitsmoment, resultierend aus der Summe der mechanischen Übertragungselemente im Antriebsstrang, M_L: Lastmoment

Fremdträgheitsmoment, gebildet aus der Summe der mechanischen Übertragungskomponenten des Antriebsstranges. Das System besitzt lediglich zwei Bewegungsfreiheitsgrade:

φ_1 : antriebsseitiger Drehwinkel

φ_2 : abtriebsseiger Drehwinkel, Lastdrehwinkel

Die zum Aufstellen der Bewegungsgleichungen für das zunächst ausschließlich betrachtete rein mechanische System notwendige inertiale Anbindung erfolgt über das weitere Federdämpferpaar c_1 und d_1. Es repräsentiert die fesselnde Wirkung des Magnetfeldes zwischen Stator und Rotor des *ungeregelten* Gleichstrommotors. Damit kommt c_1 und d_1 im Rahmen der mechanischen Betrachtungen lediglich eine Phantomfunktion zu. Für die zur Bildung des regelungstechnischen Entwurfsmodells zur Reglerauslegung notwendige Kopplung der in den Zustandsraum transformierten Bewegungsgleichungen mit den Gleichungen des ungeregelten Vorschubmotors muß

$$c_1 = d_1 \overset{!}{=} 0$$

gesetzt werden, um reale physikalische Verhältnisse wieder herzustellen.

Deshalb können c_1 und d_1 im mechanischen Betrachtungsfall recht willkürlich gewählt werden. Als Anhaltspunkte haben sich bewährt:

$$c_1 = \omega_{0,M}^2 \, J_{ges}; \quad d_1 = 2 D_M \sqrt{c \, J_{ges}}$$

Ausgenutzt wurde dabei die Analogie zum Einmassenschwinger. Mit den Daten für den konventionellen Gleichstrommotor aus **Tabelle 3.1** und unter Berücksichtigung des Wertes für das auf die Motorwelle reduzierte Fremdträgheitsmoment der mechanischen Komponenten im Antriebsstrang mit

$$J_2 = J_{Fremd} \approx 0,0118 \, \text{kgm}^2$$

folgen für c_1 und d_1 die Werte

$$c_1 \approx 149 \, \text{Nm/rad}; \quad d_1 \approx 2,2 \, \text{Nms/rad}$$

Der Ansatz (Kurzbezeichnung M2) berücksichtigt also gegenüber M1 die Existenz einer weiteren Eigenfrequenz, die allein der mechanischen Übertragungsstruktur zugeordnet werden kann. Das Modell entspricht im wesentlichen der in der Literatur üblichen mechanischen Beschreibung von elektrischen Vorschubantriebsstrukturen. Voraussetzung dabei ist, daß tatsächlich nur eine einzige mechanische Eigenfrequenz in Bezug auf das Übertragungsverhalten zwischen der Ankerspannung bzw. der Steuerspannung am Transistorsteller als Eingangsgröße und der Schlittenposition als Regelgröße bzw. Ausgangsgröße dominant ist [71, 77]. Die Größe dieser à priori als bekannt vorausgesetzten Eigenfrequenz und deren Dämpfungsgrad sind über die Parameter c_2 und d_2 in **Bild 3.4** normalerweise recht gut einstellbar. Ein formelmäßiger Zusammenhang für die Berechnung dieser Parameter kann allerdings nicht angegeben werden.

Problematisch wird der Ansatz, wenn die Eigenfrequenz des *ungeregelten* Gleichstrommotors und die der Mechanik nahe beieinander liegen. In diesem Fall reichen auf Grund der starken Kopplung von Motor und Mechanik die mechanischen Entwurfsfreiheitsgrade c_2 und d_2 unter Umständen nicht aus, das reale Systemverhalten ausreichend genau wiederzugeben.

Die Modellierung des hybriden Gesamtsystems, d. h. des dem Reglerentwurf zugrundeliegenden Modells, erfolgt im Fall von Modell M2 in drei Schritten:

1. Aufstellen der Bewegungsgleichung für das nach **Bild 3.4** idealisierte mechanische Ersatzsystem.

2. Transformation in die benötigte Zustandsdarstellung.

3. Die Kopplung mit dem Blockschaltbild des ungeregelten Gleichstrommotors nach **Bild 3.3** ergibt die Zustandsdarstellung der kompletten Regelstrecke.

Die geschilderte Vorgehensweise besitzt speziell bei der Aufstellung der noch folgenden hochkomplexen mechanischen Modelle mit entsprechend vielen Freiheitsgraden den Vorteil, daß auch *ohne* die Transformation auf Zustandsdarstellung das elektromechanische Hybridsystem mit den Methoden der Technischen Mechanik komplett beschrieben und mit Standardsoftware analysiert werden kann. Die Bandstruktur der Matrizen $\underline{M}$ und $\underline{C}$ ermöglicht insbesondere die Einsparung an Arbeitsspeicher. Weiterhin ist die vorgeschlagene Methodik völlig unabhängig von der Anzahl der Bewegungsgleichungen.

Entsprechend dem früher beschriebenen Verfahren zum Aufstellen der Bewegungsgleichungen für das mechanische Teilsystem auf der Basis der Lagrange'schen Gleichung 2. Art müssen zunächst die Strukturvektoren $w_i, i = 1, f, f = 2$ für das mechanische System aus **Bild 3.4** aufgestellt werden, vgl. **Tabelle 3.2**. Der Erregervektor $\underline{e}$ ist darin für ein angenommenes Lastmoment M_L angegeben, das z. B. aus einer Vorschubkraft entstanden gedacht werden kann. Im Vektor $\underline{q}(t)$ der verallgemeinerten Koordinaten sind die beiden einzigen Bewegungsfreiheitsgrade des Systems zusammengefaßt:

$$\underline{q}(t) = \begin{pmatrix} \varphi_1(t) \\ \varphi_2(t) \end{pmatrix} \tag{3.27}$$

q^T	φ_1	φ_2
$\underline{w}_1^T$	1	0
$\underline{w}_2^T$	1	-1
$\underline{e}^T$	0	M_L
$\underline{\underline{M}}$	J_1	J_2

Tabelle 3.2: Die Komponenten der Strukturvektoren $\underline{w}_i, i = 1, f, f = 2$, des verallgemeinerten Lagevektors q, der diagonalen Massenmatrix $\underline{\underline{M}}$ und des verallgemeinerten Kraftvektors $\underline{e}$ für das System aus **Bild 3.4**

Mit den Gleichungen (3.25) und (3.26) erhält man die Steifigkeitsmatrix für das System zu

$$\underline{\underline{C}} = \sum_{i=1}^{f} \underline{\underline{C}}_i = c_1 w_1 w_1^T + c_2 w_2 w_2^T \tag{3.28}$$

$$= \begin{pmatrix} c_1 & 0 \\ 0 & 0 \end{pmatrix} + \begin{pmatrix} c_2 & -c_2 \\ -c_2 & c_2 \end{pmatrix} = \begin{pmatrix} c_1 + c_2 & -c_2 \\ -c_2 & c_2 \end{pmatrix}$$

Für die Dämpfungsmatrix folgt analog:

$$\underline{\underline{D}} = \begin{pmatrix} d_1 + d_2 & -d_2 \\ -d_2 & d_2 \end{pmatrix} \tag{3.29}$$

Die Massenmatrix ist eine Diagonalmatrix:

$$\underline{\underline{M}} = \begin{pmatrix} J_1 & 0 \\ 0 & J_2 \end{pmatrix} \tag{3.30}$$

Für den Vektor $\underline{e}(t)$ der Erregerfunktionen erhält man:

$$\underline{e}(t) = \begin{pmatrix} 0 \\ M_L \end{pmatrix} \tag{3.31}$$

Die Transformation in die später zum Regelungsentwurf benötigte Zustandsdarstellung der Bewegungsgleichungen ergibt zunächst die Form:

$$\underline{\dot{x}}_m = \underline{\underline{A}}_m \underline{x}_m + \underline{b}_m u_m \tag{3.32}$$

$$y = \underline{c}^T \underline{x}_m \tag{3.33}$$

Dabei ist:

$$\underline{x}_m = \begin{pmatrix} \varphi_1 \\ \varphi_2 \\ \dot{\varphi}_1 \\ \dot{\varphi}_2 \end{pmatrix} : \text{Zustandsvektor} \tag{3.34}$$

$$\underline{\underline{A}}_m = \begin{pmatrix} \underline{\underline{0}} & \underline{\underline{I}} \\ -\underline{\underline{M}}^{-1} \underline{\underline{C}} & -\underline{\underline{M}}^{-1} \underline{\underline{D}} \end{pmatrix} : \text{Systemmatrix} \tag{3.35}$$

$$\underline{b}_m = \begin{pmatrix} \underline{0} \\ \underline{\underline{M}}^{-1} \underline{e} \end{pmatrix} : \text{Eingangsvektor} \tag{3.36}$$

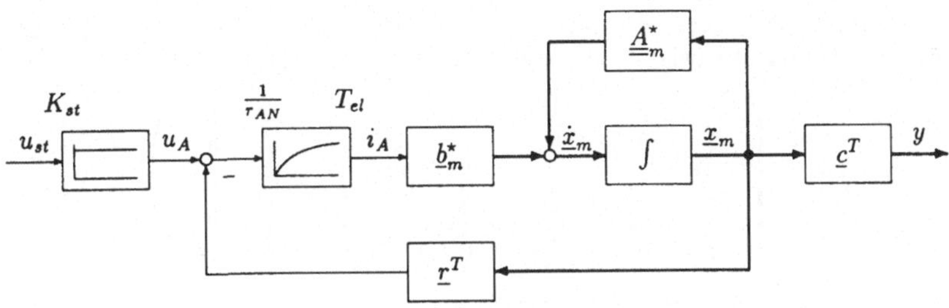

Bild 3.5: Blockschaltbild für das Modell M2

Für die Regelstrecke aus Gleichstrommotor und elastisch gekoppelter Mechanik entfällt bekanntlich die inertiale Kopplung des Vorschubmotors über das Federdämpferpaar c_1, d_1, da diese nunmehr durch die elektrischen Gleichungen für den Antrieb vorgenommen wird. Der Strukturvektor $\underline{w}_1^T$ in **Tabelle 3.2** wird folglich mit Null belegt. Dadurch entfallen in der Steifigkeitsmatrix $\underline{C}$ und der Dämpfungsmatrix $\underline{D}$ die Elemente c_1 bzw. d_1. Insgesamt entsteht die neue Systemmatrix $\underline{\underline{A}}_m^*$:

$$\underline{\underline{A}}_m^* = \begin{pmatrix} 0 & 0 & 1 & 0 \\ 0 & 0 & 0 & 1 \\ -\frac{c_2}{J_1} & \frac{c_2}{J_1} & -\frac{d_2}{J_1} & \frac{d_2}{J_1} \\ \frac{c_2}{J_2} & -\frac{c_2}{J_2} & \frac{d_2}{J_2} & -\frac{d_2}{J_2} \end{pmatrix} \tag{3.37}$$

Weiterhin resultiert

- aus der notwendigen Entnormierung des normierten Ankerstroms i_A bzw. des normierten Motormoments m_M, um das physikalisch einwirkende Moment auf die mechanische Übertragungsstruktur zu gewinnen, sowie

- aus dem neuen Erregervektor $\underline{e}^*$, der als Eingangsgröße nunmehr das Motormoment M_M berücksichtigt:

$$\underline{e}^* = \begin{pmatrix} 1 \\ 0 \end{pmatrix} \tag{3.38}$$

insgesamt der neue Eingangsvektor $\underline{b}_m^*$:

$$\underline{b}_m^* = M_N \begin{pmatrix} 0 \\ \underline{\underline{M}}^{-1}\,\underline{e}^* \end{pmatrix} \tag{3.39}$$

Den strukturellen Zusammenhang gibt **Bild 3.5** wieder. Über den Vektor $\underline{r}^T$ in **Bild 3.5** erfolgt die notwendige Normierung der physikalischen Motordrehwinkelgeschwindigkeit $\dot{\varphi}_1$ für die E_A-Rückführung:

$$\underline{r}^T = (0, 0, k_{\dot{\varphi}_1}, 0) \quad \text{mit} \quad k_{\dot{\varphi}_1} = \frac{1}{\Omega_N} = \frac{1}{2\pi N_N} \tag{3.40}$$

Für das Gesamtsystem erhält man schließlich das folgende lineare Differentialgleichungssystem 5. Ordnung im Zustandsraum. Die Ausgangsgleichung ist für die Regelgröße „Lastdrehwinkel" φ_2 angegeben.

$$\underline{\dot{x}} = \begin{pmatrix} 0 & 0 & 1 & 0 & 0 \\ 0 & 0 & 0 & 1 & 0 \\ -\frac{c_2}{J_1} & \frac{c_2}{J_1} & -\frac{d_2}{J_1} & \frac{d_2}{J_1} & \frac{M_N}{J_1} \\ \frac{c_2}{J_2} & -\frac{c_2}{J_2} & \frac{d_2}{J_2} & -\frac{d_2}{J_2} & 0 \\ 0 & 0 & -\frac{k_{\dot{\varphi}_1}}{r_{AN}T_{el}} & 0 & -\frac{1}{T_{el}} \end{pmatrix} \underline{x} + \begin{pmatrix} 0 \\ 0 \\ 0 \\ 0 \\ \frac{K_{st}}{r_{AN}T_{el}} \end{pmatrix} u_{st} \qquad (3.41)$$

$$y = \underline{c}^T \underline{x} = (0,1,0,0,0)\underline{x} = x_2 = \varphi_2 \qquad (3.42)$$

Die vorgeschlagene Modellierung eines elektrischen Vorschubantriebs mit schwingungsfähiger Mechanik berücksichtigt demnach *eine* mechanische Eigenfrequenz im Übertragungszweig. Parameter für die Modellanpassung sind lediglich die Größen c_2 und d_2. Das reduzierte Trägheitsmoment der Mechanik kann normalerweise ausreichend genau bestimmt werden und stellt keinen eigentlichen Freiheitsgrad für das System dar. Die Systemordnung im Zustandsraum beträgt $n = 5$, so daß ein direkter Reglerentwurf ohne weiteres möglich ist. Allerdings besitzt diese mathematische Beschreibung der Regelstrecke bereits mehr Zustandsgrößen als Meßgrößen i. allg. vorhanden sind (Ankerstrom, Schlittenposition, d. h. hier äquivalent der Lastdrehwinkel φ_2, Motordrehzahl), so daß (für die angestrebte digitale Zustandsregelung) die geeignete Rekonstruktion der fehlenden Zustandsgrößen notwendig wird.

3.3   Lagrange-Modell 43. Ordnung (M3)

Während beim Modell M2 sämtliche mechanischen Parameter im Übertragungssystem sozusagen extrem „verdichtet" in den Werten für c_2, d_2 sowie J_2 zusammengefaßt sind und somit das reale Verhalten nur im Groben wiedergegeben werden kann, ermöglicht die folgende Idealisierung dem Konstrukteur einen tieferen Einblick in die mechanischen Zusammenhänge. Ziel des im folgenden vorgestellten Rechenmodells für einen elektrischen Vorschubantrieb war es, mit vergleichsweise niedrigem Aufwand bei der Diskretisierung dennoch die wesentlichen mechanischen Übertragungselemente wie

- Zahnriemenstufe,

- Kugelgewindetrieb,

- Spindellagerung sowie

- Schlitten-, Führungssystem

in die Gesamtbetrachtung mit einzubeziehen. Nur unter Berücksichtigung weiterer Freiheitsgrade der realen Struktur lassen sich im Stadium der Konstruktion/Konzeption quantitative Aussagen über den Einfluß unterschiedlicher Lagerungsvarianten, der Geometrie und Vorspannung des Spindel-, Muttersystems, der

Umbauteile usw. machen [14, 67]. Die bisher abgeleiteten Modelle niedriger Ordnung (M1: $n = 3$; M2: $n = 5$) lassen die angestrebte Schwachstellenanalyse für den Antrieb nicht zu.

3.3.1 Eigenschaften des mechanischen Ersatzmodells

Die Aufstellung der Bewegungsgleichungen für das Modell M3 erfolgt mit Hilfe des vorgestellten Verfahrens auf der Basis der Lagrange'schen Gleichung 2. Art. Der Vorschubantrieb wird dabei in mehrere starre Körper mit homogenen, konstanten Massen aufgeteilt, die untereinander oder inertial mit rotatorischen oder translatorischen Feder- und Dämpferelementen gekoppelt sind und nur kleine Bewegungen ausführen können. **Bild 3.6** zeigt die gewählte Ersatzstruktur des Vorschubantriebs. **Tabelle 3.3** faßt die wichtigsten Parameter des Modells zusammen.

Die unsymmetrische Anordnung von Spindel und Werkzeugschlitten findet in dieser Modellbildung sehr einfache Berücksichtigung.

Der Gleichstrommotor (J_{an}^l) überträgt sein Drehmoment über eine spielfreie Wellen-Naben-Verbindung $(c_9,$ Taperlockbuchse) auf das Ritzel (J_{an}^r). Der Motorläufer ist bei **A** und **B** mit einer Fest-Loslagerung fixiert. Die anschließende Zahnriemenstufe $(J_{an}^r, r_{Ri}, c_{10}, J_{ab}^l, r_{Ra})$ mit der Übersetzung $i = 1,25$ leitet das vergrößerte Drehmoment mittels eines Ringfederspannelements an die Gewindespindel (J_{ab}^r) weiter. Im Spindel-, Muttersystem (c_{14}, c_{17}) erfolgt schließlich die Umwandlung der Rotationsbewegung in eine Translationsbewegung und somit die Umsetzung des Drehmoments in eine Vorschubkraft. Diese sorgt über die im weiteren Kraftfluß liegenden Maschinenelemente (m_M, c_{19}) für die Längsbewegung des Werkzeugmaschinenschlittens (m_T) entlang den hydrodynamischen Gleitführungen $(c_{18}, c_{20}, \dots, c_{23})$. Die vorgespannten Lagerelemente **C** und **D** gewährleisten die Abstützung der Spindel. Die Abstände von Schwerpunkt zu Schwerpunkt bzw. von Schwerpunkt zu Federanlenkpunkt werden mit $l_1 \dots l_8$ bezeichnet.

Anders als z. B. bei [67, 14] erhält der hier als Hohlwelle idealisierte Werkzeugmaschinenschlitten analog zu Rotor und Gewindespindel ebenfalls 6 Freiheitsgrade $(x_T, y_T, z_T, \varphi_T, \kappa_T, \gamma_T)$ bezüglich seines außermittigen Schwerpunktes. Dessen Kenntnis eröffnet die Möglichkeit, die Dynamik des Streckenmodelles in Abhängigkeit der jeweiligen Schlittenposition (x_v) zu untersuchen.

Die wichtigsten Annahmen für das Ersatzmodell aus **Bild 3.6** sind:

- Lineares Übertragungsverhalten der mechanischen Strukturelemente.

- Vernachlässigung von (Lager-)Reibung und anderer (nichtlinearer) äußerer wie innerer Störkräfte und Störmomente, insbesondere wird

- der Reibungsanteil zwischen den Maschinenbettführungen und dem Werkzeugmaschinenschlitten vernachlässigt.

- Die rückstellenden Federkräfte weisen im betrachteten Bereich eine lineare zeitinvariante Kennlinie auf, d. h. die $c_i, i = 1 \ldots 26$ sind konstant [1].

- Die Dämpfungskräfte sind geschwindigkeitsproportional und damit linear und zeitinvariant [2].

- Spielfreiheit im Spindel-, Muttersystem (i. allg. durch verspannte Doppel-muttersysteme [20]).

- Es existieren keine Getriebe-Lose. Die Umkehrspanne der Zahnriemenstufe ist vernachlässigbar klein [21].

- Homogene Massenverteilung der mechanischen Bauteile, d. h. es werden z. B. keine Unwuchten zugelassen.

- Die mechanischen Strukturelemente werden als starre Körper betrachtet.

- Eventuelle Nichtlinearitäten, hervorgerufen durch Veränderungen der Feder-bzw. Dämpfungskonstanten beim Verschieben der Mutter auf der Spindel, bleiben unberücksichtigt.

- Der Zahnriemen ist masselos.

Ergänzend sei noch erwähnt, daß neben der gegenseitigen Beeinflussung der Einzelmassen über die Koppelelemente Feder und Dämpfer auch ein Einwirken von außen durch eingeprägte Kräfte oder Momente möglich ist, die in Richtung der verallgemeinerten Koordinaten definiert sind. Derartige Beanspruchungen treten jedoch i. allg. nur bei einigen Massenelementen auf, wie etwa am Ritzel oder am Rad infolge von Teilungsfehlern oder am Werkzeugschlitten infolge von Zerspanprozeßkräften.

Kreiselkräfte und Gewichtskräfte finden keine Berücksichtigung bei der Modellbildung, da ihr Einfluß auf das System gegenüber den anderen Beanspruchungen für gewöhnlich vernachlässigbar ist [45].

---

[1] Ausnahme: Die Linearität ist bei den Steifigkeiten (c_{11}, c_{14}, c_{26}) als Funktion der Schlittenposition x_v nicht gegeben. Für die Aufstellung der linearen Bewegungsgleichung wird daher von einer definierten Schlittenposition ausgegangen. Für gewöhnlich wird dabei der „worst case" angenommen. Dies entspricht beim Vorschubantrieb mit angestellter Spindellagerung der mittleren Schlittenposition.

[2] Ausnahme: analog zu den c_i

3.3.2 Formulierung der Bewegungsgleichungen für das Lagrange-Modell 43. Ordnung

Zum Beschreiben kleiner Schwingungen der Massenelemente dienen die verallgemeinerten Koordinaten, die im verallgemeinerten Lagevektor

$$\underline{q} = (q_1, \ldots, q_f) \tag{3.43}$$

zusammengefaßt sind. Das Modell des Vorschubantriebs aus **Bild 3.6** besteht aus 6 Massenelementen mit $m = 26$ Koppelelementen bei angestellter Lagerung der Kugelgewindespindel. Die Anzahl f der mechanischen Freiheitsgrade beträgt 21.

Die Anwendung der früher beschriebenen Methode zum Aufstellen der Bewegungsgleichungen auf das idealisierte Modell des Vorschubantriebs aus **Bild 3.6** ergibt die in **Tabelle 3.4** dargestellte Besetzung der Strukturvektoren $\underline{w}_i$. Der Vektor $\underline{e}$ ist beispielhaft für eine am Schlitten angreifende Vorschubkraft F_f mit angegeben.

Tabelle 3.5 faßt die verwendeten Zahlenwerte für den Vorschubantrieb mit angestellter Spindellagerung zusammen.

Die Vorgehensweise zur Integration des mechanischen Modells mit 21 Freiheitsgraden in das elektromechanische Hybridsystem entspricht derjenigen bei M2 (vgl. Abschnitt 3.2):

1. Erstellen der Matrix $\underline{\underline{A}}_m^*$ und des Vektors $\underline{b}_m^*$ analog den Gleichungen (3.37), (3.38) und (3.39) unter Berücksichtigung von $c_3 = d_3 = 0$, d. h. der Strukturvektor $\underline{w}_3^T$ in **Tabelle 3.4** wird komplett mit 0 besetzt. Die Ordnung von $\underline{\underline{A}}_m^*$ beträgt folglich $2f = 42$.

2. Die Zustandsraumdarstellung für das Gesamtsystem folgt entsprechend den zu modifizierenden Gleichungen (3.40) bis (3.42), vgl. auch **Bild 3.5**. Die Ordnung n im Zustandsraum erhöht sich durch die Kopplung der mechanischen Differentialgleichungen mit den Gleichungen für den Gleichstrommotor lediglich um 1 auf $n = 43$.

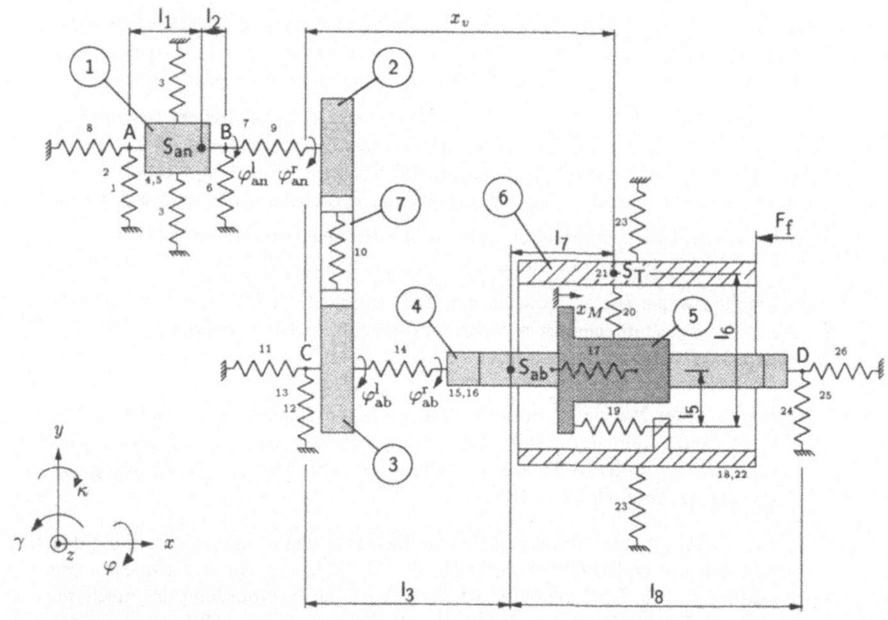

① : Rotor des Vorschubmotors
② : Ritzel
③ : Rad
④ : Spindel
⑤ : Mutter
⑥ : Maschinenschlitten
⑦ : Zahnriemen

Bild 3.6: Ersatzmodell für ein Vorschubsystem mit 21 Freiheitsgraden und angestellter Spindellagerung

Marke	Erklärung
S_{an}	Antriebsseitiger Schwerpunkt mit: $m_{an}, J^y_{an}, J^z_{an}, x_{an}, y_{an}, z_{an}, \kappa_{an}, \gamma_{an}$
S_{ab}	Abtriebsseitiger Schwerpunkt mit: $m_{ab}, J^y_{ab}, J^z_{ab}, x_{ab}, y_{ab}, z_{ab}, \kappa_{ab}, \gamma_{ab}$
S_T	Schwerpunkt des Werkzeugmaschinentisches mit: $x_T, y_T, z_T, \varphi_T, \kappa_T, \gamma_T$ und I_4: Abstand zu S_{ab} in z-Richtung
x_M	Freiheitsgrad der Mutter in x-Richtung
A,B	Motorlager
C,D	Spindellager; Festlager
$\varphi^l_{an}, \varphi^r_{an}$	Freiheitsgrad des Motorläufers und des Ritzels in φ-Richtung
$\varphi^l_{ab}, \varphi^r_{ab}$	Freiheitsgrad des Rades und der Spindel in φ-Richtung
1,2	Federkonstanten des Lagers A in y- und z-Richtung
3	Torsionsfederkonstante; resultierend aus der Wirkung des Magnetfeldes zwischen Ankerwicklung und Stator des Elektromotors
4,5	Federkonstanten des Motors in y- und z-Richtung
6,7,8	Federkonstanten des Lagers B in x-, y- und z-Richtung
9,14	Torsionsfederkonstante der Wellen-Nabenverbindung zwischen Motorwelle und Ritzel, bzw. Spindel und Rad
10	Federkonstante des Zahnriemens
11	Federkonstante des Lagers C und des linken Spindelteils in x-Richtung
12,13	Federkonstante des Lagers C in y- und z-Richtung
14,15,16	Federkonstanten der Spindel in x-, y- und z-Richtung
17	Federkonstante im Spindel-, Mutterbereich in x-Richtung
18	Federkonstante des Schlittens in x-Richtung
19	Federkonstante der Schraubverbindung im Muttergehäusebereich in x-Richtung
20	Federkonstante der Schraubverbindung im Muttergehäusebereich sowie im Schlitten-, Schlittenführungsbereich in y-Richtung
21	Federkonstante im Schlitten-, Schlittenführungsbereich in z-Richtung
22,23	Federkonstante der Schlittens in x-, y-Richtung
24,25,26	Federkonstanten des Lagers D in x-, y-, z-Richtung

Tabelle 3.3: Legende zum **Bild 3.6**

q^T	x_{an}	y_{an}	z_{an}	φ^l_{an}	φ^r_{an}	κ_{an}	γ_{an}	x_{ab}	y_{ab}	z_{ab}	φ^l_{ab}	φ^r_{ab}	κ_{ab}	γ_{ab}	x_M	x_T	y_T	z_T	φ_T	κ_T	γ_T
$\underline{w}^T_1$		1					$-l_1$														
$\underline{w}^T_2$			1			$-l_1$															
$\underline{w}^T_3$				1																	
$\underline{w}^T_4$						1															
$\underline{w}^T_5$							1														
$\underline{w}^T_6$		1					l_2														
$\underline{w}^T_7$			1				$-l_2$														
$\underline{w}^T_8$	1																				
$\underline{w}^T_9$				1	-1																
$\underline{w}^T_{10}$				r_{Ri}							r_{Ra}										
$\underline{w}^T_{11}$								1													
$\underline{w}^T_{12}$									1					$-l_3$							
$\underline{w}^T_{13}$										1			l_3								
$\underline{w}^T_{14}$											1	-1									
$\underline{w}^T_{15}$													1								
$\underline{w}^T_{16}$														1							
$\underline{w}^T_{17}$							-1					$\frac{h}{2\pi}$			-1						
$\underline{w}^T_{18}$																					1
$\underline{w}^T_{19}$														$-l_5$	-1	1				$-l_4$	l_6
$\underline{w}^T_{20}$							-1							$-l_7$			1		l_4		
$\underline{w}^T_{21}$																		1			
$\underline{w}^T_{22}$																			1		
$\underline{w}^T_{23}$																				1	
$\underline{w}^T_{24}$									1					l_8							
$\underline{w}^T_{25}$										1			l_8								
$\underline{w}^T_{26}$				-1																	
$\underline{e}^T$																F_f					
$\underline{\underline{M}}$	m_{an}	m_{an}	m_{an}	J^l_{an}	J^r_{an}	J^y_{an}	J^z_{an}	m_{ab}	m_{ab}	m_{ab}	J^l_{ab}	J^r_{ab}	J^y_{ab}	J^z_{ab}	m_M	m_T	m_T	m_T	J^x_T	J^y_T	J^z_T

Tabelle 3.4: Die Komponenten der Strukturvektoren $\underline{w}_i, i = 1 \ldots 26$, des verallgemeinerten Lagevektors $\underline{q}$, der diagonalen Massenmatrix $\underline{\underline{M}}$ und des verallgemeinerten Kraftvektors $\underline{e}$ für das System mit angestellter Spindellagerung. Nichtbesetzte Matrizenelemente entsprechen dem Element 0.

Parameter	Zahlenwert	Einheit	Parameter	Zahlenwert	Einheit
m_{an}	$13,645$	kg	J_{an}^l	$8,5 \cdot 10^{-3}$	kgm^2
J_{an}^r	$1,880 \cdot 10^{-3}$	kgm^2	J_{an}^y, J_{an}^z	$0,188$	kgm^2
m_{ab}	$25,17$	kg	J_{ab}^l	$4,22 \cdot 10^{-3}$	kgm^2
J_{ab}^r	$7,541 \cdot 10^{-3}$	kgm^2	J_{ab}^y, J_{ab}^z	$6,725$	kgm^2
m_M	$5,0$	kg	m_T	265	kg
J_T^x	$6,817$	kgm^2	J_T^y	$10,179$	kgm^2
J_T^z	$4,652$	kgm^2	c_1, c_2	$2 \cdot 10^{10}$	N/m
c_3	180	Nm/rad	c_4, c_5	$1,332 \cdot 10^8$	Nm/rad
c_6, c_7	$2 \cdot 10^{10}$	N/m	c_8	$5,363 \cdot 10^8$	N/m
c_9	$1 \cdot 10^6$	Nm/rad	c_{10}	$6,02 \cdot 10^6$	N/m
c_{11}	$4,11 \cdot 10^8$	N/m	$c_{12}, c_{13}, c_{24}, c_{25}$	$5,171 \cdot 10^8$	N/m
c_{14}	$3,392 \cdot 10^4$	Nm/rad	c_{15}, c_{16}	$2,888 \cdot 10^8$	Nm/rad
c_{17}	$1,073 \cdot 10^9$	N/m	c_{18}, c_{22}	$1 \cdot 10^8$	Nm/rad
c_{19}	$4,2 \cdot 10^8$	N/m	c_{20}	$7 \cdot 10^8$	N/m
c_{21}	$5 \cdot 10^8$	N/m	c_{23}	$5 \cdot 10^8$	Nm/rad
c_{26}	$4,264 \cdot 10^8$	N/m	l_1	$0,2056$	m
l_2	153	mm	l_3	683	mm
l_4	$52,5$	mm	l_5	28	mm
l_6	$144,5$	mm	l_7	$x_v - 794$	mm
l_8	758	mm	x_v	840	mm

Tabelle 3.5: Verwendete Zahlenwerte für den Vorschubantrieb mit angestellter Spindellagerung

3.3.3 Berücksichtigung der Dämpfung

Gegenüber den c_i bereitet die Festlegung der Dämpfungskoeffizienten d_i größere Schwierigkeiten. Für dieses Modell wurde nach umfangreichen Experimenten schließlich auf die Definition der Dämpfung beim Einmassenschwinger zurückgegriffen (trotz Vorbehalten wegen der physikalischen Übertragung des Ansatzes auf Mehrmassensysteme [46]):

$$d_i = 2D_i \sqrt{c_i\, m_i} \quad \text{bzw.} \quad d_i = 2D_i \sqrt{c_i\, J_i} \tag{3.44}$$

wobei D_i als freier Parameter sinnvoll einzusetzen ist. Anhaltspunkte für die Lehr'schen Dämpfungsmaße der einzelnen Koppelelemente sind:

$$D_3 = 0,3 \ldots 0,6 : \text{Dämpfung des } ungeregelten \text{ Gleichstrommotors}$$
$$D_{19} = 0,1 \ldots 0,15 : \text{Dämpfung der Gleitführungen}$$
$$D_i = 0,03 \ldots 0,05, \quad i = 1 \ldots 26, i \neq 3 \vee 19$$

3.3.4   Zusammenfassung der Modelleigenschaften

Die beschriebene, im Vergleich zum Modell M2 recht komplexe Modellierung des
hier betrachteten Vorschubsystems mit angestellter Spindellagerung zur direkten
Anwendung des vorgestellten Verfahrens auf der Basis der Lagrange'schen Gleichung 2. Art besitzt folgende wesentliche Eigenschaften:

- Umfassende Modellbeschreibung unter Berücksichtigung aller wesentlichen
  Bewegungskoordinaten des Vorschubantriebs.

- *Automatisierbare* Aufstellung der Bewegungsgleichung auf der Basis der
  Strukturvektoren.

- Einige Modellparameter sind recht aufwendig zu bestimmen, z. B.

    - die Trägheitsmomente des Werkzeugschlittens und die diversen Schwerpunktabstände.

    - Eine Reihe von Koppelelementen (z. B. c_{11}) stellt keine sogenannten Elementarfedern dar. Vielmehr müssen mehrere Elementarfedern über virtuelle Reihen- und/oder Parallelschaltung miteinander gedacht verknüpft werden, damit der benötigte Modellparameter berechnet werden kann. Dabei müssen insbesonders Annahmen über die statischen und dynamischen Eigenschaften diverser Umbauteile (z. B. Lager- und Mutterumbauteile) getroffen werden.

- Einfache Berücksichtigung asymmetrischer Bauteilanordnung.

- Noch relativ niedrige Systemordnung, hier: Anzahl der mechanischen Freiheitsgrade $f = 21$.

- Erweiterung auf nichtlineares Modellverhalten (z. B. nichtlineare Federkennlinie einer Sicherheitskupplung) in einfacher Weise möglich, da die Programmierung wegen der relativ niedrigen Systemordnung noch gut überschaubar ist.

- Detaillierte Kenntnis der Konstruktionsdaten des mechanischen Systems ist notwendig.

- Als Entwurfsmodell für die direkte Reglerauslegung scheidet das System aus. Die Ordnung im Zustandsraum beträgt bekanntlich $n = 43$.

3.3.5   Praktische Erfahrung

Da die vorgeschlagene Modellierung ausgeprägte Kenntnisse der Kinematik des
Systems voraussetzt, ist die Handhabung für unerfahrene Anwender erheblich erschwert. Insbesondere bei *unsymmetrischer* Bauteilanordnung ist die Ermittlung
der diversen Schwerpunktabstände und Massenträgheitsmomente recht mühsam

und zeitaufwendig, da die notwendigen Berechnungen nur sehr schwer automatisiert werden können und deshalb vom Anwender normalerweise von Hand selbst durchzuführen sind.

Für den Fall des Verzichts auf die Untersuchung unsymmetrischer Bauteilanordnung bzw. die entsprechende Modellvereinfachung in dieser Hinsicht kann die Berechnung der benötigten

- Massenschwerpunktsabstände und

- Massenträgheitsmomente

ebenfalls automatisiert werden und trägt damit zur Vereinfachung der Handhabbarkeit des Modells entscheidend bei.

Falls andere mechanische Übertragungsstrukturen Verwendung finden, wie z. B.

- Zahnradstufe anstelle Zahnriemenstufe,

- unterschiedliche Kugelgewindespindellagerung (Fest-Loslagerung anstelle angestellter Lagerung) oder

- die Umkehr der Kinematik des Kugelgewindetriebs, d. h. angetriebene Mutter und feststehende Spindel,

müssen die Strukturvektoren vom Anwender zum Teil neu aufgestellt werden. Hilfestellungen dazu finden sich bei [45, 46, 58, 67, 70].

3.4   FE-Modell 505. Ordnung (M4)

Drei unterschiedliche Diskretisierungsmöglichkeiten elektromechanischer Vorschubsysteme wurden bisher vorgestellt:

1. Gleichstrommotor mit starr gekoppelter Mechanik (Modell M1);

2. Gleichstrommotor mit einer elastisch gekoppelten Masse (Modell M2) sowie

3. Gleichstrommotor mit 6 elastisch gekoppelten Massen (Modell M3).

Als vierte Möglichkeit soll nun auf die Diskretisierung der mechanischen Struktur für das spezielle FE-Programm ELFE_FE näher eingegangen werden. Die theoretischen Grundlagen für das verwendete FE-Konzept finden sich bei [58, 70]. ELFE_FE berücksichtigt optional alle 6 Freiheitsgrade je Strukturknotenpunkt (KP). Das Programm führt daher bei der Anwendung auf elektromechanische Vorschubstrukturen i. allg. auf Systeme von Bewegungsgleichungen vergleichsweise hoher Ordnung. Die Anzahl der mechanischen Bewegungsfreiheitsgrade liegt erfahrungsgemäß im Bereich zwischen:

$$f = 180\ldots310$$

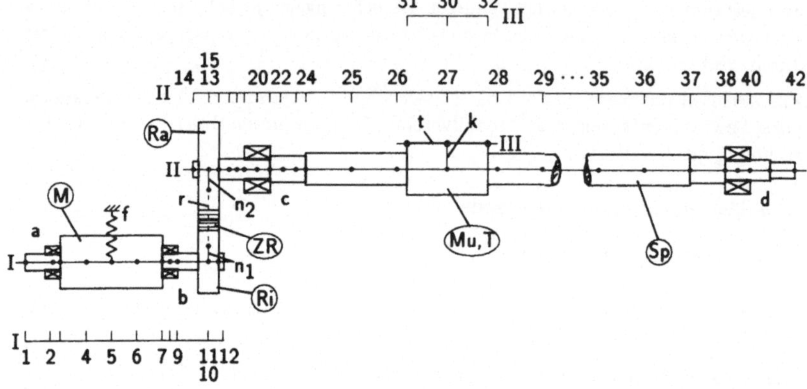

Bild 3.7: Skizze des Vorschubantriebs für die Generierung eines Datensatzes für das FE-Programmodul ELFE_FE; 42 Knotenpunkte mit je 6 Freiheitsgrade

entsprechend 30 ... 45 Knotenpunkten à 6 Freiheitsgrade.

Für die Anwendung des speziellen FE-Programmpaketes ELFE_FE [14] wird der Vorschubantrieb aus einer Reihe von Grundelementen idealisiert. Einige davon sind in **Bild 3.8** zusammengefaßt. Das Programm ELFE_FE benötigt einen entsprechenden Datensatz, der zum größten Teil aus rein geometrischen Systemgrößen besteht, die einer recht einfach gehaltenen Skizze (**Bild 3.7**) zu entnehmen sind. **Tabelle 3.6** faßt die wichtigsten Parameter des Modells zusammen. Die der Diskretisierung zugrundeliegende technische Zeichnung des Vorschubantriebs findet sich in **Bild 3.9**. Durch mehrere Besonderheiten ausgezeichnet hebt sich ELFE_FE von allgemeinen FE-Programmen eindeutig ab:

- Die Elementebibliothek enthält die für *elektrische Vorschubantriebe* wichtigen Elemente

  - Zahnriemenstufe,
  - Zahnradstufe,
  - Kugelgewindespindel.

- Schwachstellen der mechanischen Konstruktion können durch die spezielle Normierung der Eigenvektoren (Massen- bzw. Steifigkeitsnormierung; vgl. hierzu [70]) und die dadurch mögliche Darstellung in Form von Kenn-Nachgiebigkeitsdiagrammen bereits frühzeitig in der Projektierungsphase bzw. Konstruktionsphase des Antriebs erkannt werden.

Mit ELFE_FE kann ausschließlich das *konservative* (ohne Dämpfungsmatrix $\underline{D}$) mechanische System rechnerisch untersucht werden, also die Bewegungsgleichung der Form:

$$\underline{M}\,\ddot{q} + \underline{C}\,q = 0 \tag{3.45}$$

Nr.	Element	Parameter	Anwendungsbeipiel
10	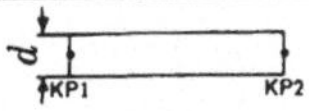 Vollwelle	d	Rotor des Motors, Wellen, Spindeln
11	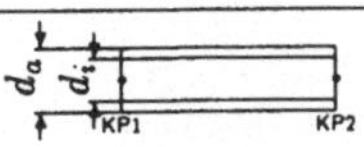 Hohlwelle	d_a, d_i	Mutterkörper
20	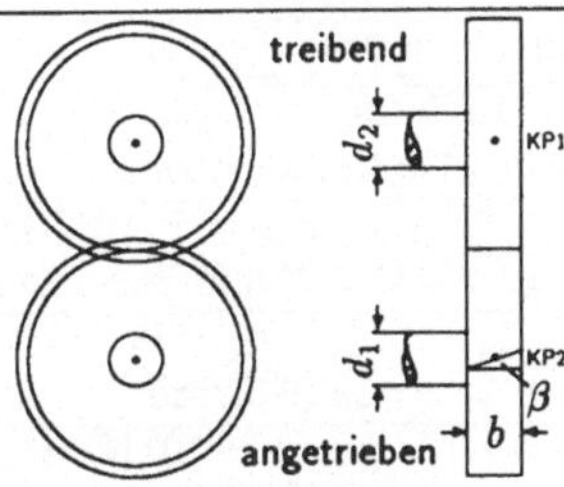 Zahnradstufe (treibend / angetrieben)	$b, \beta, d_1, d_2, c_{sz}$	Getriebe zwischen Motor und Spindel
26	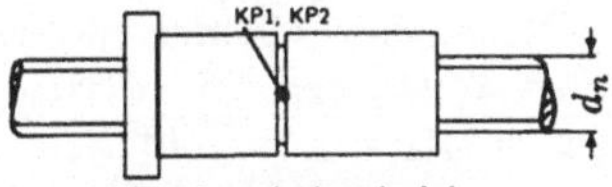 Kugelgewindespindel	$F_v, i_M, l_M, d_D,$ d_n, h, p_{IK}, p_{ED}	Kugelgewindetrieb
40	Allgemeines Federelement	$c_{ax}, c_{rad},$ c_{tor}, c_{bg}	Wellen-Naben-Verbindung z. B. Paßfederverbindung
45	Lagerelement, massebehaftet	$c_{ax}, c_{rad},$ c_{tor}, c_{bg}, d_i, b	Wälzlager, Tischführungen
50	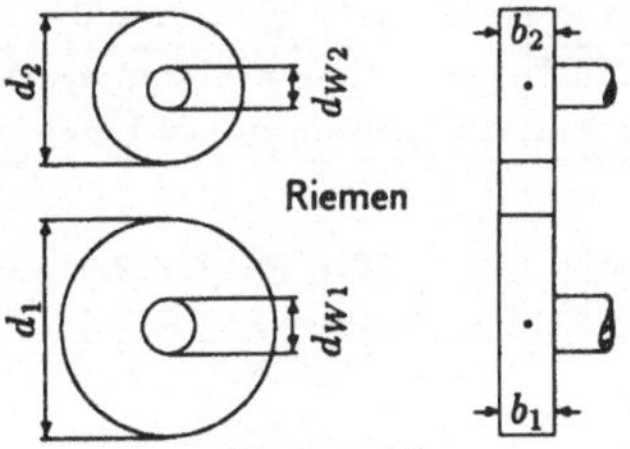 Riemenstufe (Riemen)	d_1, d_2, d_{W1}, d_{W2} b_1, b_2, c_{ZR}	Zahnriementrieb
71	Einzelmasse	m, J_x, J_y, J_z	Tischmasse

Bild 3.8: Auszug der Elementebibliothek des speziellen FE-Programmodules ELFE_FE

Marke	Maschinenelement	Typ	Parameter nach **Tabelle 3.8**
a	Kugellager	45	$c_{rad} = 5 \cdot 10^8\,\mathrm{N/m}$, $c_{ax} = c_{tor} = c_{bg} = 0$, $d = 17\,\mathrm{mm}$, $b = 15\,\mathrm{mm}$
b	Kugellager	45	$c_{ax} = 5 \cdot 10^8\,\mathrm{N/m}$, $c_{rad} = 5 \cdot 10^8\,\mathrm{N/m}$, $c_{tor} = c_{bg} = 0, d = 24\,\mathrm{mm}$, $b = 15\,\mathrm{mm}$
f	virtuelle Torsionsfeder	40	$c_{ax} = c_{rad} = c_{bg} = 0$, $c_{tor} = 180\,\mathrm{Nm/rad}$
n_1	Taperlockbuchse	40	$c_{ax} = c_{rad} = c_{bg} = 1 \cdot 10^8\,\mathrm{N/m}$, $c_{tor} = 1 \cdot 10^6\,\mathrm{Nm/rad}$
r	Zahnriemenstufe	50	$d_1 = 91,6\,\mathrm{mm}$, $d_2 = 114,6\,\mathrm{mm}$, $d_{W1} = 22\,\mathrm{mm}$, $d_{W2} = 25\,\mathrm{mm}$, $b_1 = 30\,\mathrm{mm}$, $b_2 = 32\,\mathrm{mm}$, $c_{ZR} = 6 \cdot 10^6\,\mathrm{N/m}$
n_2	Ringfeder-Spannelement	40	$c_{ax} = c_{rad} = c_{bg} = 1 \cdot 10^8\,\mathrm{N/m}$, $c_{tor} = 1 \cdot 10^6\,\mathrm{Nm/rad}$
c,d	komb. Nadel-Axial-Zylinderrollenlager	45	$c_{ax} = 2 \cdot 10^8\,\mathrm{N/m}$, $c_{rad} = 5 \cdot 10^8\,\mathrm{N/m}$, $c_{tor} = c_{bg} = 0, d_i = 35\,\mathrm{mm}$, $b = 20\,\mathrm{mm}$
t	Schlittenführung	40	$c_{ax} = 0, c_{rad} = c_{bg} = 1 \cdot 10^9\,\mathrm{N/m}$, $c_{tor} = 1 \cdot 10^9\,\mathrm{Nm/rad}$
Mu	Doppelmutter	11	$d_i = 70\,\mathrm{mm}$, $d_a = 85\,\mathrm{mm}$
T	Tisch	71	$m = 265\,\mathrm{kg}$, $J_x = J_y = J_z = 0$
k	Kugelgewindetrieb	26	$F_v = 4250\,\mathrm{N}$, $i_M = 3, l_M = 64\,\mathrm{mm}$ $d_D = 0$, $d_n = 50\,\mathrm{mm}$, $h = 10\,\mathrm{mm}$, $p_{IK} = 1, p_{ED} = 0$

Tabelle 3.6: Zusammenstellung der wichtigsten Kenngrößen für das Rechenmodell auf der Basis des speziellen FE-Programmes ELFE_FE

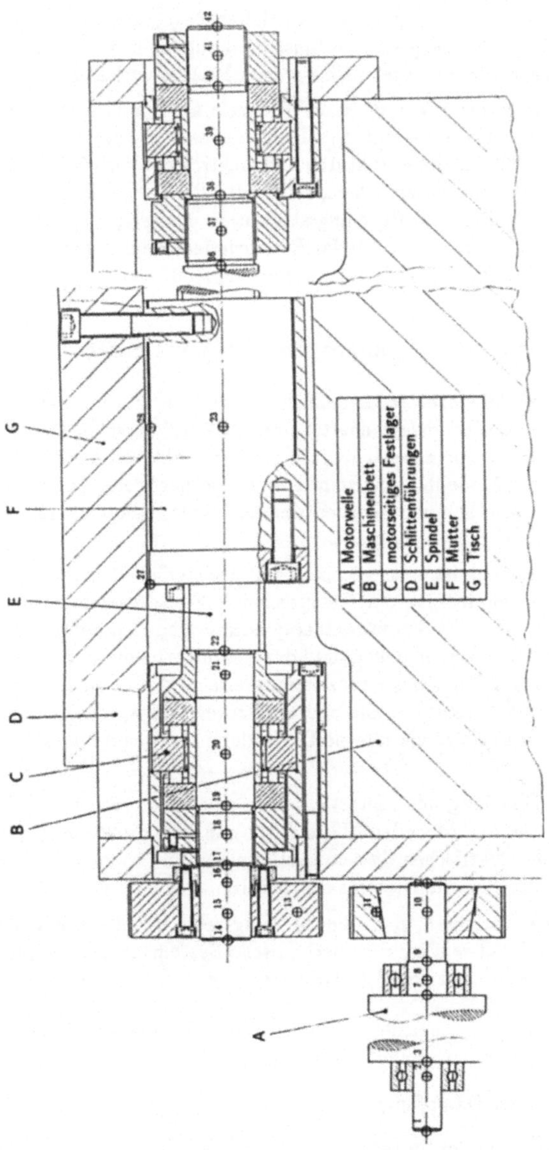

Bild 3.9: Technische Zeichnung des Vorschubantriebs

Da mechanische Systemen, respektive Antriebsstränge, normalerweise nur schwach gedämpft sind, besitzt die genannte Einschränkung kaum Bedeutung für die Umsetzung der theoretischen Ergebnisse aus dem Programm ELFE_FE in die Praxis.

Die Anwendung früherer Varianten des Programmes beschränkte sich bisher ausschließlich auf die statische und vor allem dynamische *(Schwachstellen-)Analyse* allgemeiner [58, 70] Antriebsstrukturen und elektrischer Vorschubantriebe [14, 67]. Um den Einsatzbereich zu erweitern, wurde das Programm ELFE_FE entwickelt, das auch zur *Synthese* von Regelungsstrukturen eingesetzt werden kann. Dabei spielt es prinzipiell keine Rolle, ob das Entwurfsziel eine konventionelle Kaskadenregelung oder eine digitale Zustandsregelung darstellt.

3.4.1   Aufbau der Systemmatrix $\underline{A}$ im Zustandsraum

Die Verknüpfung der einzelnen Grundelemente von ELFE_FE erfolgt in ihren Knotenpunkten. Diese sind massebehaftet und zunächst ausschließlich durch Federkoppelelemente mit einem benachbarten Knotenpunkt verbunden. Somit gibt es bei dieser Art von Modellbildung keine starren Körper mehr, da die Masse des Systems auf seine Knotenpunkte konzentriert ist. Jeder Knotenpunkt besitzt dabei maximal (wählbar) 6 Freiheitsgrade.

Jedem Grundelement ist eine spezifische Einzelsteifigkeitsmatrix, und, falls es zusätzlich massebehaftet ist, eine entsprechende Einzelmassenmatrix zugeordnet. Die Matrizen besitzen die Struktur einer quadratischen Bandmatrix. Das Generieren der Gesamtsteifigkeitsmatrix $\underline{C}$ und der Gesamtmassenmatrix $\underline{M}$ erfolgt durch entsprechendes Aufaddieren der Einzelsteifigkeits- und Einzelmassenmatrizen, vgl. [58, 70]. Zur Speicheroptimierung und die Anwendung spezieller Eigenwert-, Eigenvektorroutinen erfolgt die interne Darstellung von $\underline{C}$ und $\underline{M}$ als Rechteckmatrix.

Bei inertialer Fesselung der Motorwelle mit einer entsprechenden Torsionsfeder kann man wie bei den Modellen M2 und M3 *ohne* die direkte Kopplung mit den Gleichungen des elektrischen Systems auskommen und so zunächst die *Schwachstellenanalyse* des Vorschubsystems durchführen.

Für das weitere Verfahren, d. h. die Ordnungsreduktion (s. Abschnitt 5), ist es jedoch zwingend notwendig, das mechanische System wieder im Zustandsraum darzustellen. Hierzu sind drei Schritte notwendig:

1. Umwandlung der speicheroptimierten Rechteckmatrizen $\underline{C}$ und $\underline{M}$ in quadratische Matrizen „voller" Ordnung.

2. Aufstellen der Dämpfungsmatrix $\underline{D}$.

3. Transformation des Systems

$$\underline{M}\,\ddot{q} + \underline{D}\,\dot{q} + \underline{C}\,q = \underline{e} \qquad (3.46)$$

in die Zustandsdarstellung und Kopplung mit den Gleichungen des elektrischen Teilsystems (Vorschubmotor mit Leistungsteil) entsprechend Abschnitt 3.2.

Bei dem nach **Bild 3.7** idealisierten Vorschubsystem mit 42 Knotenpunkten und 55 Elementen entsteht unter Berücksichtigung von 6 Freiheitsgraden je Knotenpunkt und unter der Voraussetzung der zulässigen Transistorstelleridealisierung als P-Glied ein System der Ordnung

$$n = 42 \cdot 6 \cdot 2 + 1 = 505 \tag{3.47}$$

im Zustandsraum (Modellbezeichnung M4). Die vergleichsweise hohe Ordnung entsteht bei dem betrachteten Vorschubantrieb vor allem durch die

- relativ große Spindellänge von ca. $1,6\,\mathrm{m}$ und die

- Berücksichtigung aller 6 Freiheitsgrade je Knotenpunkt.

Als Abstand zwischen den Spindelknotenpunkten im Gewindebereich wurden ca. $130\,\mathrm{mm}$ gewählt. Damit ist die hinreichende

- Auflösung bei der Eigenwert- und besonders der Eigenvektorberechnung gewährleistet. Weiterhin ist die

- gute Interpretation der Ergebnisse in Form von graphischen Darstellungen der geeignet normierten Eigenvektoren je Freiheitsgrad und Knotenpunkt sichergestellt.

3.4.2 Berücksichtigung der Dämpfung

Die Berücksichtigung der Dämpfung im Modell M4 erfolgt nach dem für die FE-Methode geeigneten modalen Ansatz [8, 78]:

$$\underline{\underline{D}} = a_1 \underline{\underline{M}} + a_2 \underline{\underline{C}} \tag{3.48}$$

wobei

$$
\begin{aligned}
a_1 \quad &: \quad \text{beliebiger Faktor, Anhaltswert: } 0\ldots100 \\[4pt]
a_2 \quad &= \quad 2\frac{D_L}{\omega_0}; \\[4pt]
\omega_0 \quad &: \quad \text{beliebige Eigenfrequenz des ungedämpften Systems;} \\
&\qquad \text{sinnvoll hier: 1. dominante mechanische Eigenfrequenz;} \\[4pt]
D_L \quad &: \quad \text{Dämpfungsmaß nach Lehr}
\end{aligned}
$$

3.5 Allgemeines FE-Modell (M5)

Die implementierten Möglichkeiten moderner allgemeiner FE-Programme zur Berechnung des statischen und dynamischen Verhaltens nahezu beliebiger linearer wie nichtlinearer Strukturen werden heute in einer Vielzahl von Anwendungen eingesetzt, z. B. bei der Zellenkonstruktion im Flugzeugbau und bei der Untersuchung von Gebäudeschwingungen.

Für den Anwender *allgemeiner* FE-Programme bestehen für gewöhnlich folgende Schwierigkeiten:

- Hoher Aufwand hinsichtlich

    - Hardwarevoraussetzungen (Betriebssystem, Speicher, CPU/FPU),

    - Software (Kosten für Updates und Erstinstallation) und

    - Personalaufwand (Schulung, Qualifikation).

- Großer overhead an installierten Features, die im Zusammenhang mit der eigentlichen Aufgabenstellung überflüssig sind, den Systemüberblick aber extrem erschweren.

- Problematik der Umsetzung der Rechenergebnisse in konstruktive Verbesserungen bestehender Systeme.

- Problematik der Generierung anwendungsspezifischer Submodule und die Einbindung in das Makrosystem.

Der Anwender steht also zunächst vor dem Problem, aus einer Vielzahl von Bibliothekselementen (Platten, Schalen, 2D solids, 3D solids, Balken, usw.) die für den konkreten Anwendungsfall am besten geeigneten herauszufinden. Im vorliegenden Fall elektrischer Vorschubantriebsstrukturen fehlen für gewöhnlich die wesentlichen Maschinenelemente wie

- Kugelgewindespindel und

- Zahnriemenstufe bzw. Zahnradstufe.

Für die Modellierung des kompletten Antriebsstranges wurde schließlich folgende Struktur als optimal betrachtet:

- 3D-Festkörperelemente (3D solids) für die Baugruppen Motor, Ritzel, Rad und Spindel.

- Die Ersatzstruktur für den Zahnriemen bestand aus vier parallelgeschalteten Federelementen.

- Der Kugelgewindetrieb, genauer die Umsetzung des rotatorischen φ-Freiheitsgrades in den translatorischen x-Freiheitsgrad des Maschinenschlittens in Vorschubrichtung, wurde mit Hilfe einer programmspezifischen *Zwangsbedingung* modelliert entsprechend der Forderung:

$$x = \frac{h}{2\pi}\,\varphi$$

- Die Generierung der Lager von Motorwelle, Spindel sowie der Schlittenführungen erfolgte mit allgemeinen Federelementen.

- Der Maschinenschlitten wurde als *konzentrierte Masse* idealisiert.

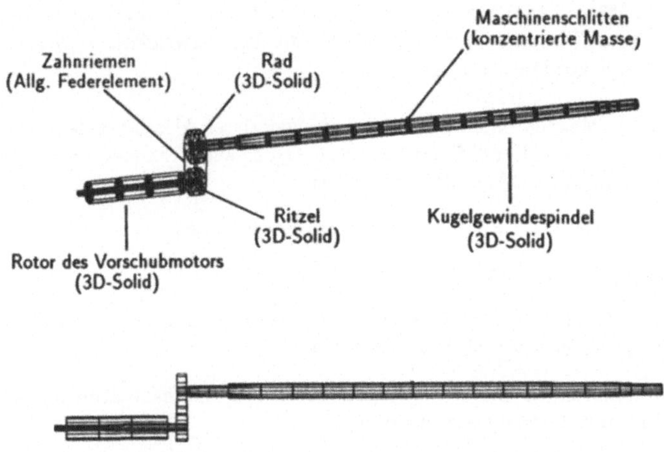

Bild 3.10: Modellierung eines elektrischen Vorschubantriebs für die Anwendung eines allgemeinen FE-Programmes aus Grundelementen

Bild 3.10 gibt die Gesamtstruktur des Vorschubantriebs wieder. Die Anzahl der Strukturknotenpunkte betrug ungefähr 1300. Daraus berechnet sich mit durchschnittlich angenommenen 3 Freiheitsgraden je Knotenpunkt die Ordnung der Bewegungsgleichung mit 3900 entsprechend 7800 bei Zustandsraumdarstellung.

Auf Grund der sehr hohen Systemordnung bei dieser Art von Modellierung ist die Durchführung einer vollständigen modalen Ordnungsreduktion nach LITZ [49] nicht mehr sinnvoll. Grundsätzlich möglich ist aber immer die Anwendung des DAVISON-Verfahrens [7] auf der Basis der ermittelten Eigenwerte und Eigenvektoren. Das Problem für den Anwender ist dabei, die dominanten Eigenwerte selbst bestimmen zu müssen ohne die Unterstützung durch die *quantitativen* Dominanzaussagen wie bei der Methode nach LITZ (siehe Abschnitt 5). Weiterhin müssen die notwendigen weiteren Auswerteverfahren (Trennen und Sortieren der Eigenwerte, Koordinatentransformationen, usw.) den Benutzerschnittstellen des jeweiligen FE-Programmes entsprechend angepaßt werden.

Insgesamt ist die Entwicklung von Regelungen, speziell von digitalen Zustandsregelungen, auf der Datenbasis allgemeiner FE-Programme erschwert. Dazu fehlen für gewöhnlich die Entwicklungswerkzeuge zum Reglerentwurf (z. B. Riccati-Regler), d. h. der Anwender muß die notwendigen Schnittstellen entweder selber schaffen oder die bestehenden Auslegungsroutinen an die Konventionen des FE-Programmes anpassen.

Aus den genannten Gründen wurde im Rahmen dieser Arbeit auf den Entwurf einer digitalen Zustandsregelung auf der Grundlage der Systemmodellierung mit einem allgemeinen FE-Programm verzichtet. Die Ergebnisse mit dem Programm wurden vielmehr zum Vergleich mit den beiden anderen komplexen Systembeschreibungen (Modelle M3 und M4) herangezogen. Zusammenfassend besitzt die Modellierung des elektromechanischen Vorschubsystems mit dem verwendeten allgemeinen FE-Programm folgende Eigenschaften:

- Hoher Modellierungsaufwand, da die benötigten Maschinenelemente Kugelgewindespindel und Zahnriemenstufe eigens aus Grundbausteinen generiert werden müssen. Weiterhin besteht ein

- hoher Bedarf an Hard- und Software. Es entstehen

- große System- und Rechenzeiten.

- Aus dynamischer Sicht ist eine gute Übereinstimmung mit dem realen System bei geeigneter Modellierung erreichbar.

- Der Einsatz für die Schwachstellenanalyse der mechanischen Komponenten des Antriebsstranges ist möglich.

4 Experimentelle Verifikation der Modelle

Die Überprüfung der mathematisch-physikalischen Modelle zur Beschreibung des realen Systemverhaltens erfolgt mit den Mitteln der digitalen Simulation (vgl. auch Abschnitt 8) bei weniger (experimentell) bekannten Systemen zunächst auf Plausibilität (Stabilitätsaussagen z. B. anhand der Lage der Eigenwerte möglich). Für den Fall hinreichend genauen Wissens über das reale System, d. h. u. a. die Kenntnis von wesentlichen Eigenfrequenzen und zugehörigem Dämpfungsgrad, kann die Modellanpassung an das tatsächliche Systemverhalten bereits in der Simulationsphase vorgenommen werden. Zur Kontrolle der theoretisch gewonnenen Aussagen über das statische und dynamische Systemverhalten ist das Experiment allerdings unentbehrlich.

Die experimentelle Überprüfung des Validierungsbereichs der Modelle erfolgte am Versuchsstand mit *angestellter* Spindellagerung. Folgende Untersuchungen wurden dabei durchgeführt:

- Modalanalyse des kompletten Versuchsstandes mit Sinus-Reinerregung [11, 42]:

  - statisch, d. h. ohne Verfahren des Schlittens;
  - dynamisch unter Verfahren des Schlittens.

- Zeitbereichsmessungen mit dem dynamischen Lasermeßsystem DYLAM am ungeregelten Antriebssystem aus digital angesteuertem Vorschubmotor und gekoppelter Mechanik (Testfunktionen: Sprung, Rampe, usw.; mit und ohne offset).

- Zeitbereichsmessungen mit DYLAM am Versuchsstand mit konventionell drehzahlgeregeltem Vorschubmotor (A).

4.1 Ergebnisse der Modalanalyse

Die Modalanalyse mittels gestufter Sinuserregung [11] wurde am Versuchsstand bei angestellter Spindellagerung durchgeführt. Als Antrieb diente der konventionelle, drehzahlgeregelte Vorschubmotor (A). **Bild 4.1** zeigt die Idealisierung des Maschinenbettes und der Komponenten des Antriebsstranges.

Folgende *antriebsspezifische* Eigenformen wurden identifiziert:

- Ausgeprägte Spindelbiegeschwingung mit $f \approx 137\,\mathrm{Hz}$ bei einer Schlittenposition nahe dem motorseitigen Festlager (**Bild 4.2**):

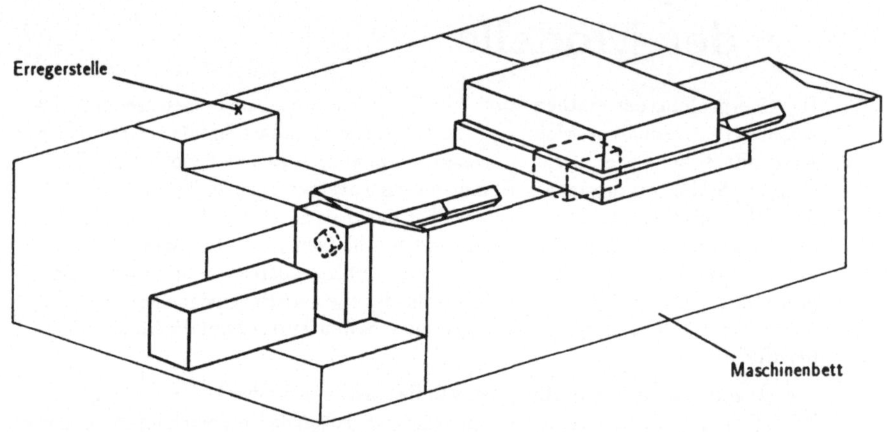

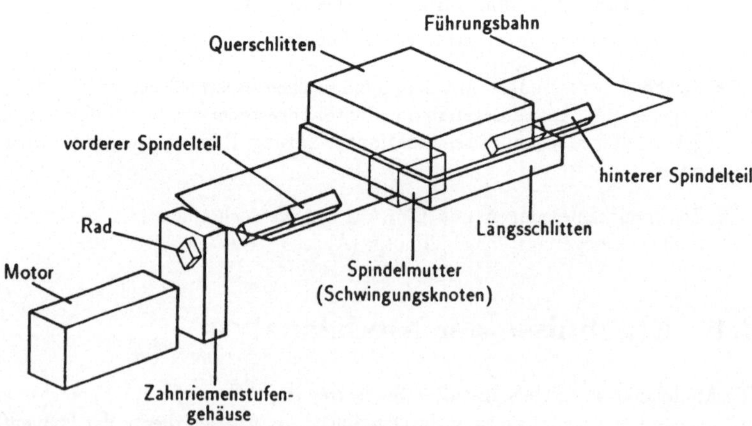

Bild 4.1: Für die Modalanalyse idealisierte Struktur des Versuchsstandes aus Maschinenbett und Antriebsstrang (unten)

- Die maximale Kenn-Nachgiebigkeitswurzel beträgt $1 \cdot 10^{-4} \sqrt{m/N}$;

- Der Schwingungsknoten liegt in der Spindelmutter.

- Dominante Systemeigenfrequenz bei $f \approx 149\,Hz$; Schlittenlage in mittlerer Position:

  - Resonanz des Spindel-, Mutter-, Schlittensystems.

  - Ausgeprägte Axialschwingung von Maschinenschlitten mit Mutter.

  - Die maximalen Kenn-Nachgiebigkeitswurzeln liegen alle auf dem Maschinenschlitten in Vorschubrichtung und betragen $1,9 \cdot 10^{-5} \sqrt{m/N}$.

Die festgestellte Spindelbiegeschwingung besitzt auf Grund des Schwingungsknotens in der Mutter keinen Einfluß auf die Position des Maschinenschlittens. Sie besitzt vielmehr Bedeutung als zusätzliche Belastung der Lagerung und des Spindel-, Muttersystems. Darüberhinaus ist die Eigenfrequenz von der Schlittenposition auf der Spindel abhängig. Im Bereich von Schlittenstellungen in der Spindelmitte geht ihr Einfluß stark zurück. In den Modellen M3, M4 und M5 tritt bei vergleichbaren Systemverhältnissen ebenfalls eine Spindelbiegeeigenfrequenz in gleicher Größenordnung auf, vgl. auch **Tabelle 4.1** und **Bild 4.3**, das die graphische Darstellung der ersten, mit ELFE_FE berechneten Biegeeigenfrequenz für das Modell M4 im Kenn-Nachgiebigkeitsdiagramm wiedergibt. Die Biegelinien verlaufen symmetrisch und liegen vom Betrag her in der gleichen Größenordnung.

Absolut dominant in Bezug auf das Verhalten des Maschinenschlittens erweist sich jedoch die Eigenfrequenz des Vorschubsystems bei $f \approx 149\,Hz$. Zum Vergleich beträgt die maximale Kenn-Nachgiebigkeitswurzel bei Rechnung mit dem speziellen FE-Programm ELFE_FE $1,1 \cdot 10^{-5} \sqrt{m/N}$, **Bild 4.4 b** (Messung: $1,9 \cdot 10^{-5} \sqrt{m/N}$). Die Lösung des allgemeinen Eigenwert-, Eigenvektorproblems erfolgte dabei mit EISPACK-Routinen [12].

Die erste berechnete Systemeigenfrequenz ($f \approx 15\,Hz$, **Bild 4.4 a**) charakterisiert den ungeregelten Gleichstrommotor, vgl. Abschnitt 3. Das mechanische System verhält sich dabei wie ein einzelner starrer Körper. Sämtliche Bauteilbewegungen erfolgen in gleicher Phase.

Bei der zweiten berechneten Eigenfrequenz ($f \approx 143\,Hz$) fällt die der Spindeldrehung (φ-Koordinate) entgegengesetzt gerichtete Schlitten- bzw. Mutterbewegung in Vorschubrichtung auf (x-Koordinate). Die Axialverschiebung der Spindel erfolgt mit gleichem Vorzeichen wie die Bewegung des Mutter-, Schlittensystems. Die zweite (berechnete) Systemeigenfrequenz ist eine reine Eigenfrequenz des Spindelmutter-, Schlittensystems. Anregungsmechanismus ist die Drehung der Spindel. Die axiale, in gleicher Phase zum Schlitten und der Mutter stattfindende Bewegung der Kugelgewindespindel wird durch die relativ hohe Schlittenmasse ($m \approx 265\,kg$) hervorgerufen. Dabei ist auch der Einfluß der Zug-/Drucksteifigkeit der Spindel und der Axiallager zu berücksichtigen.

Motorwellen- und Spindelbewegungen erfolgen bezüglich der φ-Koordinate bei $143\,Hz$ nach wie vor in gleicher Phasenlage.

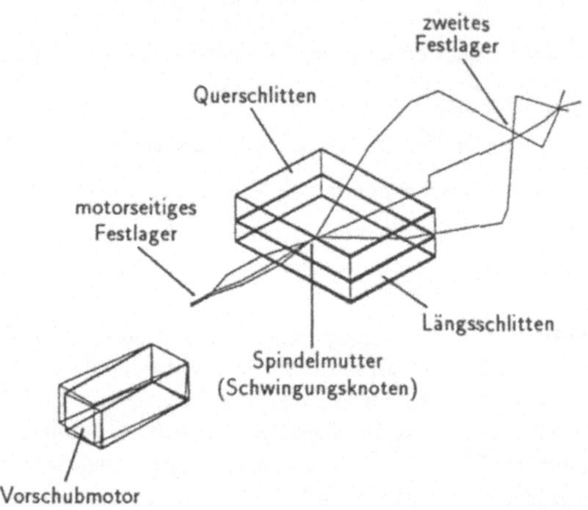

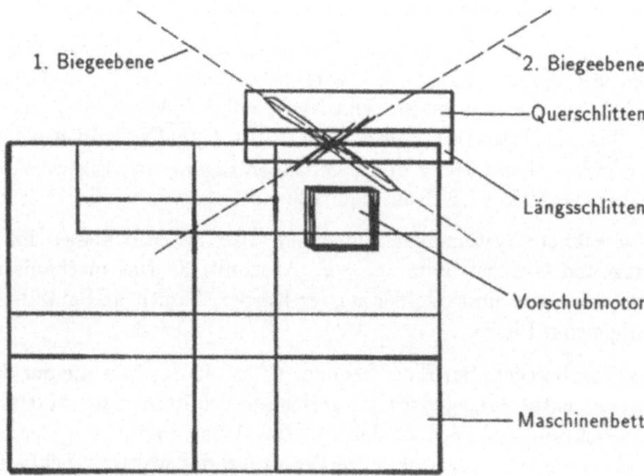

Bild 4.2: Experimentell identifizierte Biegeeigenform der Spindel bei $f \approx 137\,\mathrm{Hz}$, Schlittenposition nahe dem motorseitigem Festlager

Die experimentell verifizierte Eigenfrequenz bei $f \approx 149\,\text{Hz}$ kann bei allen Modellen eingestellt werden, die schwingungsfähige mechanische Komponenten im Antriebsstrang berücksichtigen.

Bei ausreichend großer Bandbreite des drehzahlgeregelten Vorschubmotors wird diese Eigenfrequenz des mechanischen Übertragungssystems im konventionellen kaskadierten Lageregelkreis entsprechend stark angeregt und begrenzt damit allein den nutzbaren Dynamikbereich.

Die erste berechnete und auch experimentell festgestellte *Torsionseigenfrequenz* des Systems liegt bei $f \approx 270\,\text{Hz}$, **Bild 4.4 c**. Motorwellen- und Spindelbewegung in der φ-Koordinate erfolgen dabei erstmals *gegenphasig*. Die Bewegungen von Spindel und Mutter bzw. Schlitten verlaufen ebenfalls gegenphasig. In x-Richtung treten deutlich geringere Amplituden beim Schlitten auf als bei den benachbarten Spindelpunkten. Dies läßt auf die bereits überkritische Erregung für das Spindelmutter-, Schlittensystem schließen.

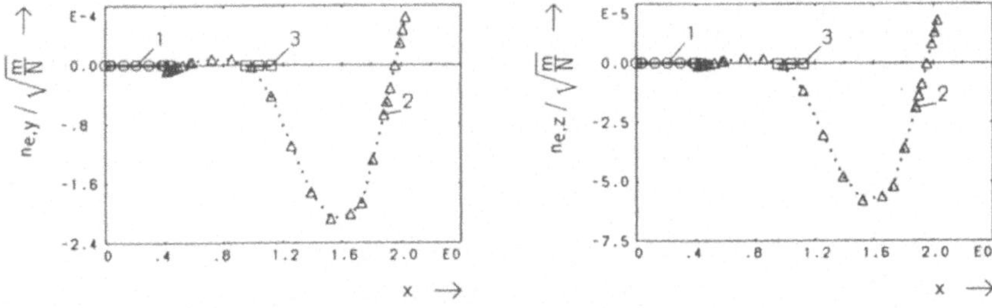

Bild 4.3: Mit ELFE_FE berechnete Biegeeigenform der Spindel bei $f \approx 142\,\text{Hz}$, Schlittenposition nahe dem motorseitigen Festlager; Wellenmarken: **1:** Motorwelle; **2:** Spindel; **3:** Schlitten

4.2 Vergleich von Experiment und Rechnung

Bild 4.6 zeigt in normierter Darstellung die mit DYLAM gemessene und die anhand der Modelle M1, M2, M3 und M4 berechnete Sprungantwort für das digital angesteuerte System mit angestellter Spindellagerung und konventionellem Gleichstrommotor.

Trotz völlig unterschiedlicher Modellierung liegen die Zeitbereichsantworten insgesamt recht nahe beieinander. Während der Einschwingvorgang teilweise leicht unterschiedliche Dynamik aufweist, ist die Ausregelzeit dagegen nahezu gleich in allen Fällen. Bei dem Vergleich Messung — Theorie ist zu berücksichtigen, daß die Simulation hier zu keinem Zeitpunkt *nichtlineares* Systemverhalten erfaßt, wie z. B. Reibung (vgl. auch Abschnitt 7).

Das Zeitbereichsverhalten bestätigt damit die *prinzipielle* Gültigkeit respektive Brauchbarkeit der gewählten Ansätze zur Beschreibung der realen Struktur.

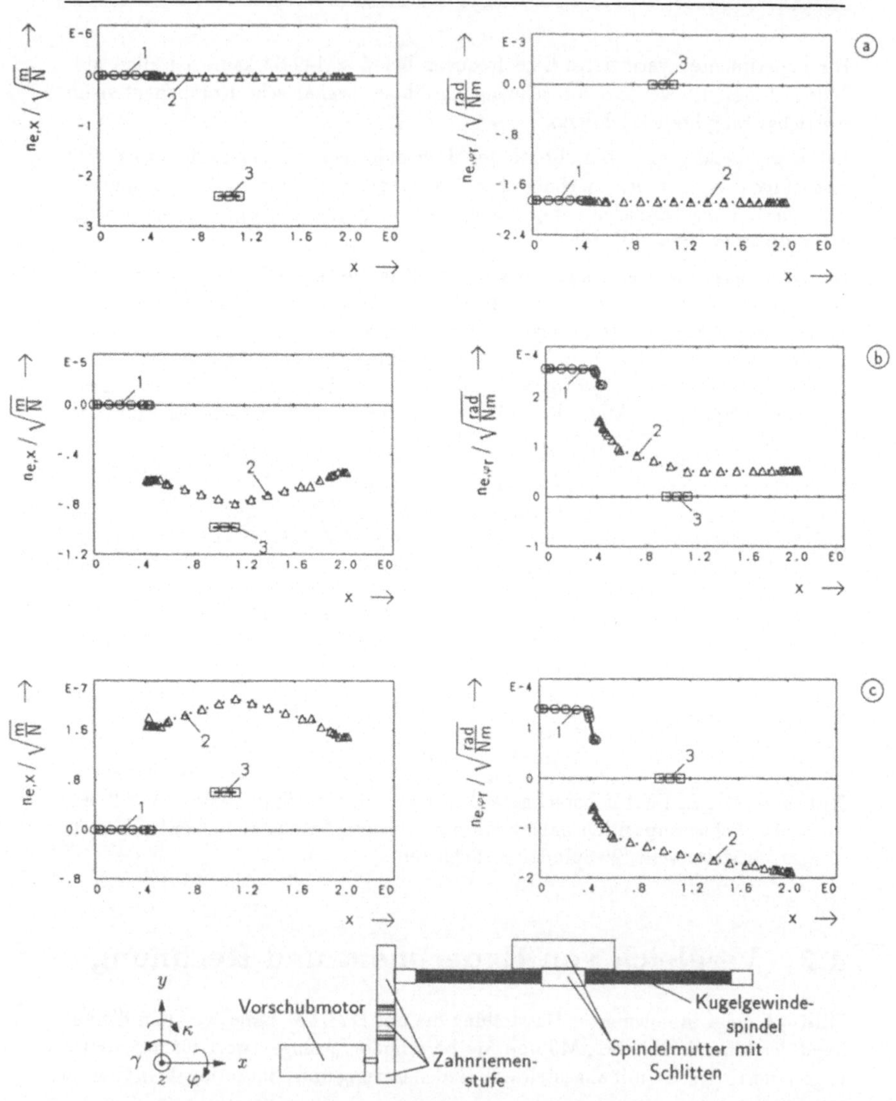

Bild 4.4: Mit ELFE_FE berechnetes Kenn-Nachgiebigkeitsdiagramm für die ersten drei dominanten Eigenformen des Systems mit angestellter Spindellagerung und Motor **A**. Schlitten in mittlerer Spindelposition. Die Koordinate φ ist dabei auf die Motorwelle übersetzungsreduziert dargestellt ($\rightarrow \varphi_r$). Wellenmarken: **1**: Motorwelle; **2**: Spindel; **3**: Schlitten; Eigenformen: **a** $\rightarrow f \approx 15\,\mathrm{Hz}$, **b** $\rightarrow f \approx 143\,\mathrm{Hz}$, **c** $\rightarrow f \approx 270\,\mathrm{Hz}$

Für das Lagrange-Modell 43. Ordnung gibt **Bild 4.5** die Systemantworten bei zwei völlig unterschiedlichen Berechnungsmethoden wieder:

1. Numerische Integration:

   - Runge-Kutta-Merson Verfahren mit variabler Schrittweite; gewählte Abtastzeit $\Delta t = 10^{-8}$ s; gerechnet auf einem T800-20 Transputer; Fortran77 3L Parallel-Fortran Compiler; Rechenzeit (inkl. I/O Prozessen) ca. 11 min.

2. Transitionsmatrix $e^{\underline{A}t}$:

   - Gerechnet auf einer 80286/87 Maschine mit NEAT-Chipsatz und 20/10 MHz Taktfrequenz; Fortran77 RM Compiler; Rechenzeit (inkl. I/O Prozessen) ca. 2 min.

Die Angaben gelten für voll besetzte Matrizen. Der einzige Vorteil der numerischen Integration besteht in der Tatsache, daß auch nichtlineare Systeme behandelt werden können. Für den häufigen Fall linearer Zustandsbeschreibungen ist die direkte Lösungsmethode über die Transitionsmatrix vorteilhaft. **Tabelle 4.1** stellt die Ergebnisse aus Messung und Rechnung nochmals zusammen.

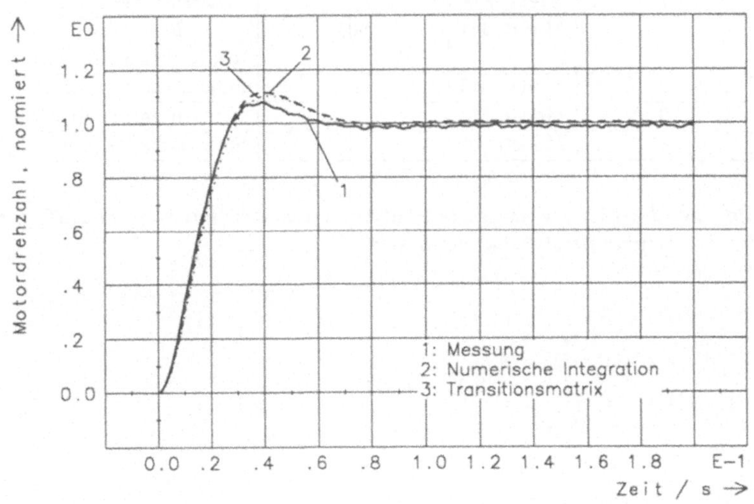

Bild 4.5: Lösungskurven aus numerischer Integration (2) und Transitionsmatrix (3); Messung (1) mit dargestellt

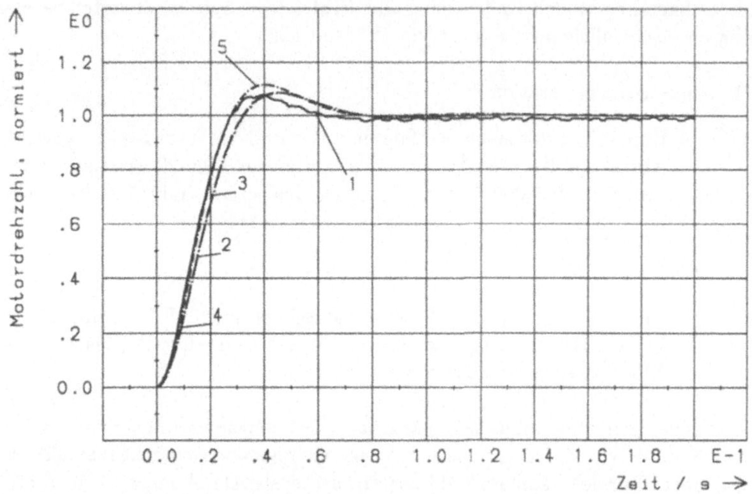

Kurvenkennung	Quelle	Systemordnung n	Verfahren, Ansatz
1	Meßkurve		Laserinterferometrie[1]
2	Modell M4	505	Matrix $e^{\underline{A}t}$ der Jordan-Normalform
5	Modell M3	43	numerische Integration[2]
3	Modell M2	5	Transitionsmatrix $e^{\underline{A}t}$
4	Modell M1	3	numerische Integration[3]

Bild 4.6: Vergleich der gemessenen und der berechneten Sprungantwort (5%, normierte Darstellung) des Systems

---

[1] Dynamisches Lasermeßsystem DYLAM

[2] Runge-Kutta-Merson, variable Schrittweite: $\Delta t = 10^{-8}$ s, Dauer ca. 11 min mit T800-20 Transputer, Fortran77 3L Parallel-Fortran Compiler, vollbesetzte Matrizen

[3] Runge-Kutta-Merson, variable Schrittweite: $\Delta t = 10^{-5}$ s

[4] Vorschubmotor, idealisiert mit J_M, c und d

[5] Systemanregung: drehzahlgeregelter Vorschubmotor A bei rechteckförmiger Drehzahlsollwertvorgabe mit Amplitude $\pm 5\%\, n_N$ Spitze – Spitze

[6] Systemanregung: digital angesteuerter Vorschubmotor A, sonst wie oben

Vorschubantrieb mit angestellter Spindellagerung; Motor **A**			
theor. Modell bzw. Experiment	1. dominante Eigenfr. in Hz	2. dominante Eigenfr. in Hz	1. Biegeeigenfrequenz Eigenfr. in Hz
M1	14		
M2	13,9	143	
M3	14,7	143	180
M4	14	143	142
M5	14^4	139	126
Modalanalyse		149	137
DYLAM[5]		149	
DYLAM[6]	17,5	149	

Tabelle 4.1: Zusammenstellung berechneter und identifizierter Systemeigenfrequenzen des Vorschubantriebs mit angestellter Spindellagerung und konventionellem Gleichstrommotor **A**

5 Ordnungsreduktion

5.1 Entwicklung der Grundidee

In den Abschnitten 3 und 4 wurden die notwendigen theoretischen Aspekte beleuchtet sowie die experimentellen Methoden vorgestellt, mit denen moderne elektrische Vorschubantriebe für NC-Systeme hinsichtlich ihres Charakters als mehr oder minder komplex abstrahiertes System untersucht werden können.

Die Modelle niedriger Ordnung (M1: $n = 3$; M2: $n = 5$) sind zwar nur als u. U. brauchbares Ersatzsystem aus der *Analyse* bereits bestehender Vorschubantriebssysteme geeignet, besitzen aber den unbestrittenen Vorteil, direkt, d. h ohne jegliche Modifikationen als Basis für den Reglerentwurf zu dienen. Dabei ist völlig gleichgültig, ob eine konventionelle kaskadierte Lageregelung (respektive Drehzahl- oder Stromregelung) das Auslegungsziel darstellt oder eine digitale Zustandsregelung.

Wesentlicher Vorteil *komplexer* Modellstrukturen auf der Grundlage der

- Lagrange'schen Gleichung 2. Art (Rechenmodell M3: $n = 43$) bzw. auf der Basis des

- speziellen FE-Programmes ELFE_FE (Rechenmodell M4: $n = 505$) sowie eines

- allgemeinen FE-Programmes (Rechenmodell M5: $n = 7800$)

ist die Möglichkeit der *Schwachstellenanalyse* der mechanischen Übertragungskomponenten bereits im Konzeptionsstadium bzw. Projektionsstadium des Gesamtsystems. Die Möglichkeit von Parameterstudien (z. B. Variation der Lagertypen bei der Spindellagerung) ermöglicht die Reduzierung des experimentellen Aufwands am Prototyp und trägt damit zur Kosteneinsparung bei der gesamten Produktentwicklung bei. Demgegenüber steht der vergleichsweise hohe Modellierungsaufwand bzw. der allgemeine Systemaufwand an notwendiger Hard- und Software respektive Rechen- und Systemzeiten. Der zuletzt genannte Nachteil trifft speziell auf die Anwendung des allgemeinen FE-Programmes zu.

Die für die direkte Anwendung in der Konzeptions- bzw. Konstruktionsphase des elektromechanischen Hybridsystems geeigneten Rechenmodelle M3 und M4 aus Abschnitt 3 liefern Zustandsbeschreibungen mittlerer bis hoher Ordnung (M3: $n = 43$; M4: $n = 505$). Ein direkter Regelungsentwurf am Originalsystem ist daher allenfalls aus theoretischer Sicht interessant. Der Realisierung von Regler- und Beobachteralgorithmus sind aber unter Einhaltung der Echtzeitbedingungen (geforderte Abtastrate 1 kHz) auf dem Transputernetzwerk Grenzen gesetzt. Aus

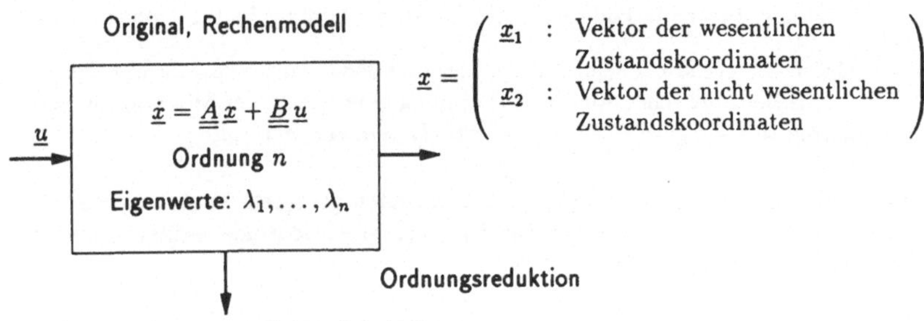

Bild 5.1: Prinzip der Ordnungsreduktion nach [18]

diesem Grund erfolgt die Synthese von Regler und Beobachter erst nach der Ordnungsreduktion des ursprünglichen Systems hoher Ordnung am reduzierten Entwurfsmodell mit entsprechend weniger Freiheitsgraden. **Bild 5.1** veranschaulicht die Problemstellung.

5.2 Auswahl eines geeigneten Reduktionsverfahrens

Insgesamt gibt es drei Hauptgruppen von Verfahren zur Ordnungreduktion sog. large-scale systems mit entsprechend vielen Freiheitsgraden auf Systeme wesentlich niedrigerer Ordnung. Sämtlichen Verfahren ist dabei gemeinsam, daß die Zustandsvariablen im reduzierten System dieselbe physikalische Bedeutung besitzen wie im Originalsystem:

- Die erste Gruppe basiert auf der modalen Transformation. Für das Originalsystem wird nach Transformation auf Jordan-Normalform eine Trennung der Eigenwerte in dominante und nicht dominante vorgenommen.

- Die zweite Gruppe geht nach der Methode der singulären Perturbation vor. Eine modale Transformation braucht nicht durchgeführt werden. Die Trennung der Eigenwerte erfolgt direkt im Originalsystem. Nach [18] ist die Anwendung dieser Methode auf reale Systeme allerdings häufig problematisch.

- Das dritte Verfahren versucht eine optimale Modellanpassung durchzuführen. Mit Hilfe Gauß'scher Ausgleichsrechnung oder geeigneter Minimumsuchverfahren soll das gewünschte reduzierte System erhalten werden.

Die für die praktische Anwendung wohl am besten geeignete Vorgehensweise besteht in der *modalen Ordnungsreduktion*. Vor allem folgende Gründe sprechen dafür (vgl. insbesondere [18, 49, 63]):

- Instabile Systeme, speziell solche mit einem *Eigenwert in Null* können ebenfalls behandelt werden. Dies ist für elektrische Vorschubantriebe von großer Bedeutung, da die Regelstrecke immer integrierendes Verhalten besitzt (Stellgröße u_{st} entsprechend dem Sollwert der Ankerspannung — Regelgröße x_T entsprechend der Schlittenposition).

- Mit Hilfe des reduzierten Systems ist die Synthese von Zustandsregelungen möglich, die in Verbindung mit dem Originalsystem dessen Stabilität erhalten.

- Die Systemmatrix reduzierter Ordnung folgt aus einfach zu programmierenden, *geschlossenen* Formeln.

- Stationäre Genauigkeit des Zustandsvektors $\underline{x}_R$ im reduzierten Modell mit dem Vektor $\underline{x}_1$ der wesentlichen Koordinaten im Originalsystem, vgl. **Bild 5.1** .

In [7] werden sechs Verfahren zur modalen Ordnungsreduktion von *Mehr*größensystemen anhand eines Beispiels aus der Verfahrenstechnik miteinander verglichen. Dabei erweist sich die Methode von LITZ als die leistungsfähigste und genaueste.

Die Schwachpunkte der Methode zur modalen Ordnungsreduktion von LITZ liegen in der

- Abhängigkeit des Verfahrens von den Eingangsgrößen, da hier im realen System auch Störgrößen eingehen, deren Verlauf i. allg. unbekannt ist.

- Weiterhin hängt das Verfahren (numerisch) von der Wahl der ausgezeichneten Zustandsgrößen des Originalsystems ab, deren Verlauf im reduzierten Modell stationär genau nachzubilden versucht wird.

Das Verfahren nach LITZ [49] wurde mittlerweile von [6] verallgemeinert und von ROTH [63] weiterentwickelt, ohne daß an der grundsätzlichen Überlegenheit der ursprünglichen Methode von LITZ gegenüber anderen Vorgehensweisen Zweifel entstanden. In dieser Arbeit wurde schließlich die Basismethode von LITZ gewählt.

Der folgende Abschnitt gibt die Berechnungsgrundlagen für die im weiteren benötigten *Maßzahlen*

- **Steuer- und Beobachtungsdominanz** sowie

- **Übertragungsdominanz** wieder.

Anschließend erfolgt die Anwendung auf die Rechenmodelle M3 und M4, die das reale Hybridsystem mit komplex idealisierter Mechanik beschreiben.

5.3 Definition der Maßzahlen beim Ordnungsreduktionsverfahren von LITZ

Die angegebenen Formeln gelten für den Fall von SISO-Systemen. Bei elektrischen Vorschubantrieben für NC-Fertigungsanlagen gibt es nur eine Eingangsgröße (Sollwert u_{st} für die einzustellende Ankerspannung u_A). Daher kann auch nur eine Zustandsgröße (hier die Schlittenposition x_T) als Regelgröße auftreten.

Ausgangspunkt für die Bestimmung der Maßzahlen im hier betrachteten Eingrößenfall ist die modale Zustandsbasis linearer Systeme (Jordan-Transformation):

$$\dot{z} = \underline{\underline{\Lambda}}\, z + \underline{b}^{*} u \tag{5.1}$$

$$y = \underline{c}^{*T} \underline{z} \tag{5.2}$$

mit

$$\underline{\underline{\Lambda}} = \text{diag}(\lambda_1, \ldots, \lambda_n) \quad : \quad \text{Spektralmatrix}$$
$$\underline{b}^{*} = \underline{\underline{V}}^{-1}\underline{b}$$
$$\underline{c}^{*T} = \underline{c}^{T}\underline{\underline{V}}$$
$$\underline{\underline{V}} \quad : \quad \text{Modalmatrix, d. h. Matrix der}$$
$$\text{Rechtseigenvektoren des Systems}$$

Der Bezug zu den physikalischen Koordinaten ist über die Transformation

$$\underline{x} = \underline{\underline{V}}\, z \tag{5.3}$$

gegeben.

Als erste Maßzahl definiert LITZ die sogenannte

Steuer- bzw. Beobachtungsdominanz

des k-ten Eigenwertes zu:

$$r_k = \frac{|q_k|}{|y(t \to \infty)|} \tag{5.4}$$

Dabei ist:

$$q_k = \frac{c_k^{*} b_k^{*}}{\lambda_k}$$

$$|y(t \to \infty)| = -\sum_{k=1}^{n} \Re\{q_k\} : \text{stationärer Endwert}$$

Die Maßzahl r_k stellt damit ein *quantitatives* Kriterium dar für den Einfluß des k-ten Eigenwerte im betrachteten Übertragungspfad. Die Faktoren r_k berücksichtigen damit neben dem Stabilitätsgrad insbesondere die Steuer- und Beobachtungseigenschaft des jeweiligen Eigenwertes.

In Ergänzung zur ersten Maßzahl ist die Definition der

Übertragungsdominanz

des k-ten Eigenwertes zu sehen mit:

$$\hat{r}_k = r_k A(\lambda_k) \tag{5.5}$$

Dabei ist

$$A(\lambda_k) \;=\; \frac{|F(\jmath\,|\lambda_k|)|}{|F(0)|} \; : \text{normierter Amplitudengang}$$

$$F(s) \;=\; \frac{Y(s)}{U(s)} = \underline{c}^{\star T} \left(s\underline{\underline{I}} - \underline{\underline{\Lambda}}\right)^{-1} \underline{b}^{\star}$$

$$: \text{Frequenzgang für den betrachteten Übertragungspfad}$$

Die Maßzahl $\hat{r}_k$ berücksichtigt die mögliche Kompensation von Eigenwerten.

Zusammenfassend sind folgende Anmerkungen wesentlich:

- Die erste Dominanzaussage ermöglicht das Erkennen schwach steuer- und beobachtbarer Eigenbewegungen $\underline{z}_k$ im betrachteten Übertragungspfad; sie besitzen demnach kleine r_k. Sind die r_k dagegen hoch, so deutet das auf gut steuer- und beobachtbare Eigenbewegungen $\underline{z}_k$ hin. Bei großen r_k kann auch der Fall kleiner $\hat{r}_k$ auftreten. Er besagt, daß sich gut steuerbare- und beobachtbare Eigenwerte im Übertragungsverhalten des zugehörigen Pfades auf Grund von Kompensation nicht auswirken. Trotzdem kann die Notwendigkeit bestehen, solche Eigenwerte mit in das reduzierte System einzubeziehen ($\rightarrow$ Regelkreissynthese).

- Der Fall $\hat{r}_k \gg r_k$ deutet auf eine Resonanzüberhöhung hin. Sie kann bei konjugiert komplexen Eigenwerten, die nahe der Imaginärachse liegen, auftreten. Resonananzüberhöhung heißt starke Schwingungsneigung der Regelstrecke in der entsprechenden Eigenfrequenz.

5.4   Ergebnisse der Ordnungsreduktion

Das modale Ordnungsreduktionsverfahren nach LITZ wurde auf das Rechenmodell M3 43. Ordnung auf der Basis der Lagrange'schen Gleichung 2. Art und auf das spezielle FE-Rechenmodell des Vorschubantriebs (Programm ELFE_FE, M4) angewendet. Die folgenden Ausführungen beschränken sich auf das FE-Modell mit

- konventionellem Gleichstrommotor bei

- angestellter Spindellagerung.

Für das Lagrange-Modell und den Vorschubantrieb mit bürstenlosem Gleichstrommotor bzw. Fest-Loslagerung gelten jeweils analoge Verhältnisse.

Die Entwicklung der notwendigen Programme zur Durchführung der Ordnungsreduktion erfolgte mit Fortran77 an einer Cyber 995-180 unter NOS/VE.

5.4.1 Ordnungsreduktion der FE-Struktur (M4); mechanisches Modell

Die folgenden Untersuchungen am rein mechanischen System dienen der Beantwortung zweier Fragen:

1. Welche Eigenformen können durch eine am Werkzeugschlitten angreifende Vorschubkraft F_f angeregt werden?

2. Wie hoch muß die Ordnung des reduzierten Modells sein, um das Verhalten des Originalsystems bei der angenommenen Anregung hinreichend genau wiederzugeben?

Die erste Frage wird mit Hilfe der Maßzahl „Übertragungsdominanz" bei der Dominanzanalyse des modalen Ordnungsreduktionsverfahrens beantwortet. Für die Beantwortung der zweiten Problemstellung wird das Originalsystem einmal auf $n = 4$ und anschließend auf $n = 6$ reduziert, entsprechend zwei bzw. drei Eigenformen bzw. konjugiert komplexen Eigenwerten.

Die Idealisierung des Vorschubmotors erfolgt über die entsprechend gestaltete Motorwelle. Durch eine geeignet dimensionierte Torsionsfeder erfolgt die inertiale Fesselung des gesamten mechanischen Systems, d. h. die Modellbildung verzichtet auf die exakte regelungstechnische Beschreibung des Gleichstrommotors (vgl. Abschnitt 3.1). Das System besitzt demnach kein integrales Verhalten mehr und eignet sich ganz besonders für die *Schwachstellenanalyse* der Mechanik *unter Berücksichtigung der Dämpfung*.

Die Modellierung des Vorschubantriebs erfolgte mit dem speziellen FE-Programm ELFE_FE. Das mechanische Ersatzmodell besitzt bei 42 Knotenpunkten (und 55 Elementen) zu je 6 Freiheitsgraden demnach die Ordnung

$$n = 42 \cdot 6 \cdot 2 = 504$$

im Zustandsraum. Folgende Parameter wurden für die Aufstellung der Systemmatrix verwendet:

1. Torsionsfeder zur inertialen Fesselung des Systems: $c_{tor} = 180\,\mathrm{Nm/rad}$;

2. Modaler Dämpfungsansatz nach Gleichung 3.48 mit

$$\begin{aligned} D_L &= 0,003 \\ a_1 &= 100 \quad (\to \text{massenproportionale Dämpfung}) \\ a_2 &= 0 \end{aligned}$$

Der Wert von c_{tor} ist dabei nur von untergeordneter Bedeutung. Er legt die erste Eigenfrequenz des Systems fest, die dem ungeregelten Gleichstrommotor zugeordnet ist, vgl. Abschnitt 4. Für die Schwachstellenanalyse des mechanischen Übertragungssystems ist diese Eigenfrequenz völlig unerheblich.

Das mechanische System wurde willkürlich mit einer Vorschubkraft $F_f = 1000\,\mathrm{N}$ am Schlitten sprungförmig angeregt. Betrachtete Ausgangsgröße ist die Schlittenposition x_T.

Die Dominanz**tabelle 5.1** zeigt, daß bei diesem Vorschubantrieb für den betrachteten Beanspruchungsfall drei Eigenwerte wesentlichen Einfluß auf das dynamische Systemverhalten besitzen. Den absolut größten Einfluß auf das betrachtete Übertragungsverhalten mit der Übertragungsdominanzzahl $\hat{r} \approx 33,2$ besitzt dabei erwartungsgemäß das Eigenwertpaar $\lambda_{501,502}$. Bei der entsprechenden Eigenfrequenz ($f_2 \approx 143\,\mathrm{Hz}$) befindet sich das Spindel-, Muttersystem des Vorschubantriebs in Resonanz. Für die detaillierte Charakterisierung dieser Eigenform sei auf die experimentellen Untersuchungen am Vorschubantrieb in Abschnitt 4 verwiesen.

Mit vergleichsweise großem Abstand folgt in der Reihe der Übertragungsdominanzzahlen das Eigenwertpaar $\lambda_{503,504}$ mit $\hat{r} \approx 0,37$. Die zugehörige Eigenform zu diesem Eigenwert bei $f_1 \approx 14\,\mathrm{Hz}$ beschreibt bekanntlich den ungeregelten Vorschubmotor, der hier in das System rein mechanisch (mit zugeordneter Masse und inertialer Torsionsfederkopplung) integriert wurde. Der hohe Frequenzabstand zwischen f_1 und f_2 bedingt dabei die entsprechend geringe Anregung der zu f_1 gehörenden Eigenform durch die sprungförmige Vorschubkrafteinprägung auf den Werkzeugschlitten.

Als drittes übertragungsdominantes Eigenwertpaar mit der Dominanzzahl $\hat{r} \approx 0,0052$ erscheint $\lambda_{499,500}$ in **Tabelle 5.1**. Die zugehörige Eigenform entspricht der ersten Torsionseigenfrequenz des Systems bei $f_3 \approx 270\,\mathrm{Hz}$. Ihr Einfluß auf den betrachteten Übertragungspfad entsprechend der betragsmäßig relativ kleinen Dominanzzahl ist nur noch gering.

Bemerkenswert ist, daß offensichtlich keine Biegeeigenformen durch eine am Maschinenschlitten in Vorschubrichtung eingeleitete Kraft angeregt werden können. Die Übertragungsdominanzzahlen für die erste Biegeeigenform im System sind jeweils 0. Die zugehörigen Eigenwertpaare, entsprechend der beiden Biegeebenen der Spindel, sind $\lambda_{355,356}$ und $\lambda_{359,360}$. Die resultierende Biegeeigenfrequenz liegt dabei mit $f_{bg} \approx 181\,\mathrm{Hz}$ etwas höher als im experimentellen untersuchten Fall, bei dem $f_{bg} \approx 137\,\mathrm{Hz}$ festgestellt wurden. Grund dafür ist die für den Fall der modalen Ordnungsreduktion gewählte Schlittenposition auf mittlerer Spindellänge. Hier ist das mechanische System mit angestellter Lagerung der Spindel am Biegesteifsten. Bei der experimentellen Verifikation der Biegeeigenformen wurde der Schlitten in eine dem motorseitigen Festlager nahe Position gebracht, um das System biegeweich zu gestalten.

Zur Ermittlung der notwendigen Ordnung für das reduzierte Modell bei dem betrachteten Übertragungspfad wurde das System zunächst auf $n = 4$ und anschließend auf $n = 6$ reduziert. Die Zustandsvariablen, die mit in das reduzierte Modell übernommen wurden, sind im folgenden wiedergegeben.

1. Reduktion auf $n = 4$:

$$
\begin{aligned}
x_T &= \text{Schlittenposition} = \text{Regelgröße} \\
\dot{\varphi}_M &= \text{Winkelgeschwindigkeit des Motors} \\
\dot{\varphi}_{Ri} &= \text{Winkelgeschwindigkeit des Ritzels} \\
\dot{\varphi}_{Sp} &= \text{Winkelgeschwindigkeit der Spindel (Mitte)}
\end{aligned}
$$

2. Reduktion auf $n = 6; x_T, \dot{\varphi}_M, \dot{\varphi}_{Ri}, \dot{\varphi}_{Sp}$ wie oben. Zusätzlich:

$$
\begin{aligned}
\dot{x}_t &= \text{Schlittengeschwindigkeit} \\
\dot{\varphi}_{Ra} &= \text{Winkelgeschwindigkeit der Rades}
\end{aligned}
$$

Die Wahl der Freiheitsgrade, die in das reduzierte System mit übernommen werden sollen, bestimmt bekanntlich die (numerische) Güte der Ordnungsreduktion beim Verfahren von LITZ. Daher fanden auch nur Freiheitsgrade Berücksichtigung, die

- numerisch günstig wirken bzw.

- von dynamischem Interesse sind.

Die beiden Kriterien bedingen sich dabei im allgemeinen.

Im regelungstechnischen Analyse- und Syntheseprogramm RASP [22] besitzt der Benutzer die Option, die Freiheitsgrade für das reduzierte System auf rein numerischer Basis auszuwählen, abgesehen von den auferlegten Restriktionen des Ordnungsreduktionsverfahrens selbst.

Entsprechend der Ordnung der reduzierten Systeme werden entsprechend der berechneten Übertragungsdominanzzahlen im Fall $n = 4$ die Eigenwerte $\lambda_{501,502} \approx -52,7 \pm j\,899$ und $\lambda_{503,504} \approx -50 \pm j\,80$ mit in das reduzierte Modell übernommen. Für den Fall $n = 6$ kommt der Eigenwert $\lambda_{499,500} \approx -60 \pm j\,1698$ hinzu.

Bild 5.2 zeigt die Systemantwort des Originalsystems sowie der reduzierten Modelle mit $n = 4$ und $n = 6$ im Zeitbereich. Der Lösungsweg bei den reduzierten Systemen ging über die Transitionsmatrix $e^{\underline{A}t}$.

Für die Berechnung der Systemantwort im Zeitbereich wurde für das FE-Modell 504. Ordnung zweckmäßigerweise der im folgenden geschilderte Weg beschritten.

Bei Erregung mit einer Sprungfunktion gilt für die Laplace-Transformierte Ausgangsgröße eines in Modalform vorliegenden linearen Systems (Gl. 5.1, 5.2 und 5.3):

$$
Y(s) = \left(\frac{c_1^\star b_1^\star}{s - \lambda_1} + \ldots + \frac{c_k^\star b_k^\star}{s - \lambda_k} + \ldots + \frac{c_n^\star b_n^\star}{s - \lambda_n} \right) \frac{1}{s} \tag{5.6}
$$

Bei der Rücktransformation in den Zeitbereich erhält man unter Berücksichtigung der Zerlegung

$$
\frac{1}{(s - \lambda)\,s} = \frac{1}{\lambda} \left(\frac{1}{s - \lambda} - \frac{1}{s} \right) \tag{5.7}
$$

Uebertragungsdominanz (Spalte UEBDOM)

Nr.	Eigenwerte Realteil	Imaginaerteil	UEBDOM
1	-1.2760E+07	0.0000E+00	0.0000E+00
2	-3.4171E+06	0.0000E+00	0.0000E+00
3	-1.8612E+06	0.0000E+00	0.0000E+00
.			
355	-5.4385E+01	1.1457E+03	0.0000E+00
356	-5.4385E+01	-1.1457E+03	0.0000E+00
.			
359	-5.4371E+01	1.1438E+03	0.0000E+00
360	-5.4371E+01	-1.1438E+03	0.0000E+00
.			
497	-8.4451E+01	3.2137E+03	6.5906E-07
498	-8.4451E+01	-3.2137E+03	6.5906E-07
499	-5.9618E+01	1.6976E+03	5.1722E-03
500	-5.9618E+01	-1.6976E+03	5.1722E-03
501	-5.2702E+01	8.9887E+02	3.3230E+01
502	-5.2702E+01	-8.9887E+02	3.3230E+01
503	-5.0030E+01	7.9857E+01	3.7133E-01
504	-5.0030E+01	-7.9857E+01	3.7133E-01

Tabelle 5.1: Dominanztabelle für das FE-Modell mit 504. Ordnung

die Systemantwort des entsprechenden Übertragungspfades allgemein zu:

$$y(t) = \sum_{k=1}^{n} \frac{c_k^\star b_k^\star}{\lambda_k} \left(e^{\lambda_k t} - 1 \right) \tag{5.8}$$

Die Übergangsvorgänge der einzelnen Systeme lassen bei einer Auflösung von 1000 Punkten für den betrachteten Zeitraum von 0,2 s keine Unterschiede erkennen, und zwar weder im dynamischen Verhalten noch im stationären Endwert. Auch bei einem Zoom der Kurve ($t = 0\ldots0,02$ s entprechend 101 Werten) sind die Unterschiede vernachlässigbar (**Bild 5.3**).

Die Ergebnisse am mechanischen FE-Modells des Vorschubantriebs zeigen deutlich die Güte des modalen Ordnungsreduktionsverfahrens nach LITZ. Aus der Übertragungsdominanztabelle und den berechneten Übergangsvorgängen geht weiterhin hervor, daß bei dem untersuchten Zusammenhang zwischen sprungförmig eingeprägter Vorschubkraft am Werkzeugschlitten als Eingangsgröße und der Schlittenposition als Ausgangsgröße für den betrachteten Vorschubantrieb *eine* mechanische Eigenfrequenz wesentlichen Einfluß besitzt ($f_2 \approx 143$ Hz, Eigenwertpaar $\lambda_{501,502}$).

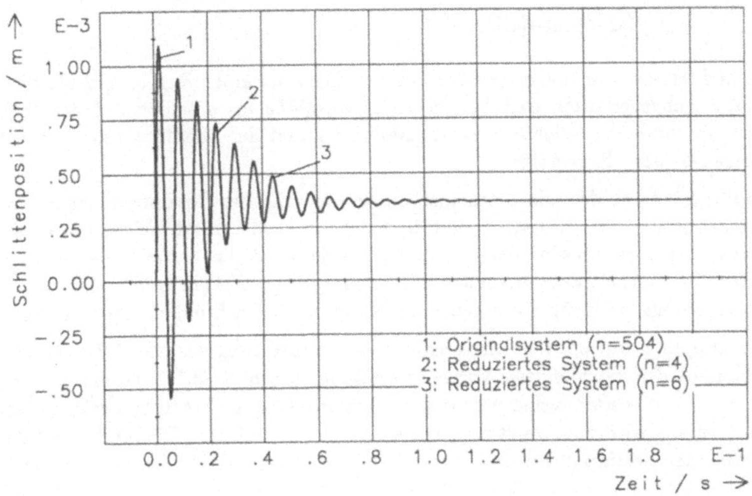

Bild 5.2: Übergangsverhalten des Originalsystems ($n = 504 : 1$), und der reduzierten Systeme im Vergleich ($n_{red} = 4 : 2$, $n_{red} = 6: 3$)

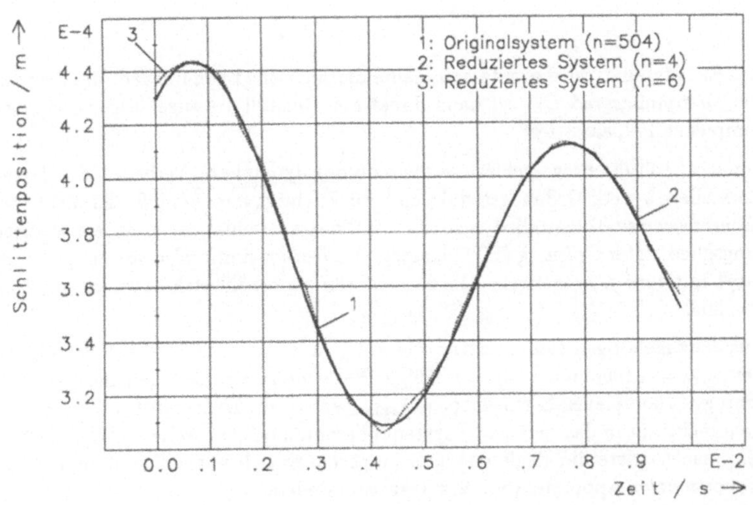

Bild 5.3: Zoom von **Bild 5.2:** $n = 504 : 1$, $n_{red} = 4 : 2$, $n_{red} = 6: 3$

5.4.2   Ordnungsreduktion des elektromechanischen Hybridmodells M4

Betrachtet wird im folgenden das für den Entwurf einer Regelung wesentliche Übertragungsverhalten zwischen der Eingangsgröße u_{st} entsprechend dem Sollwert für die einzustellende Ankerspannung u_A und der Schlittenposition x_T als Ausgangs- bzw. Regelgröße.

Im Gegensatz zu der rein mechanischen Betrachtung des Gesamtsystems im vorangegangenen Abschnitt steht jetzt die Frage im Vordergrund, welche Eigenwerte steuer-, beobachtungsdominant sind. Grund dafür ist die Verwendung des reduzierten Systems als Entwurfsmodell für eine Regelung. Erst in zweiter Linie ist die Übertragungsdominanz der Eigenwerte mit in die Betrachtungen einzubeziehen.

Die Kopplung mit der regelungstechnischen Beschreibung des Gleichstrommotors entspricht der geschilderten Vorgehensweise in Abschnitt 3.1. Die bei den *mechanischen Modellen* bisher vorhandene Torsionsfeder c_{tor} zur inertialen Fesselung des Systems wird zu 0 gesetzt. Die Parameter des modalen Dämpfungsansatzes müssen neu bestimmt werden:

- Modaler Dämpfungsansatz nach Gleichung 3.48 mit

$$
\begin{aligned}
D_L &= 0,04 \\
\omega_0 &= 900\,\text{rad/s} \\
a_1 &= 0 \qquad (\rightarrow \textit{keine} \text{ massenproportionale Dämpfung})
\end{aligned}
$$

Der Einsatzpunkt ist die erste dominante mechanische Eigenfrequenz des Systems. Der Dämpfungsgrad D_L legt dann direkt den Realteil des zugehörigen konjugiert komplexen Polpaares fest.

Zunächst soll die Frage geklärt werden, ob das dynamische Verhalten des Transistorstellers bei der Ordnungsreduktion berücksichtigt werden muß oder nicht. Das näherungsweise Totzeitglied wird für die lineare Simulation durch ein Verzögerungsglied erster Ordnung (PT1) ersetzt. Als Zeitkonstante wird von einem „worst case" mit 1 ms ausgegangen. Die Systemordnung erhöht sich demnach um 2 auf $n = 506$.

Aus der zugehörigen Dominanztabelle 5.2 geht hervor, daß der zusätzliche Eigenwert $\lambda_{506} = -1000$ in der betragsmäßigen Reihenfolge erst nach dem mechanischen konjugiert komplexen Eigenwertpaar $\lambda_{440,441}$ erscheint. Daher wird er im folgenden auch nicht mit in das reduzierte System übernommen. Die weiteren Untersuchungen, insbesondere die Reglerentwürfe beschränken sich nur auf Systeme mit rein proportionaler Approximation des Transistorstellers.

Wie im mechanischen Betrachtungsfall ist der Einfluß der Biegeeigenformen (Eigenwertpaare $\lambda_{219,220}, \lambda_{221,222}$) auf das untersuchte Übertragungsverhalten jeweils nicht vorhanden, sowohl bei der Steuer-, Beobachtungsdominanz als auch bei Übertragungsdominanz.

System mit Transistorstellermodellierung als PT1-Glied: Tt = 1 ms

Steuer- und Beobachtungsdominanz (Spalte STBEDOM);
Uebertragungsdominanz (Spalte UEBDOM)

Nr.	Eigenwerte Realteil	Imaginaerteil	STBEDOM	UEBDOM
1	-2.3670E+08	0.0000E+00	0.0000E+00	0.0000E+00
2	-6.5513E+07	0.0000E+00	0.0000E+00	0.0000E+00
3	-3.7103E+07	0.0000E+00	0.0000E+00	0.0000E+00
.				
219	-8.0397E+01	1.1442E+03	0.0000E+00	0.0000E+00
220	-8.0397E+01	-1.1442E+03	0.0000E+00	0.0000E+00
221	-8.0132E+01	1.1423E+03	0.0000E+00	0.0000E+00
222	-8.0132E+01	-1.1423E+03	0.0000E+00	0.0000E+00
.				
438	-1.7585E+02	1.6892E+03	1.1687E-12	1.2872E-23
439	-1.7585E+02	-1.6892E+03	1.1687E-12	1.2872E-23
440	-4.9545E+01	8.9902E+02	3.7854E-11	2.5117E-20
441	-4.9545E+01	-8.9902E+02	3.7854E-11	2.5117E-20
442	-5.4313E+01	6.9735E+01	4.8931E-08	2.9313E-15
443	-5.4313E+01	-6.9735E+01	4.8931E-08	2.9313E-15
444	6.4510E-06	0.0000E+00	1.0000E+00	7.0711E-01
.				
506	-1.0000E+03	0.0000E+00	1.6242E-11	3.4443E-21

Tabelle 5.2: Dominanztabelle für das FE-Modell mit 506. Ordnung; Modellierung des Transistorstellers als PT1-Glied mit $T_t = 1\,\mathrm{ms}$

Absolut dominant erscheint in **Tabelle 5.2** der Eigenwert $\lambda_{444} = 6.4510\mathrm{E}{-06}$, der sowohl bei der Steuer-, Beobachtungsdominanz mit $r_k = 1,0$ als auch bei der Übertragungsdominanz $\hat{r}_k \approx 0,71$ die größten Beträge aufweist. Dieser Eigenwert entspricht dem integralen Verhalten des Systems mit ankerspannungsproportionaler und daher schlittengeschwindigkeitsproportionaler Eingangsgröße u_{st} sowie der betrachteten Schlittenposition x_T ausgangsseitig. Der Eigenwert λ_{444} muß auf jeden Fall mit in das reduzierte Modell übernommen werden.

Ohne die Idealisierung des Transistorstellers als PT1-Glied, d. h. nur unter Berücksichtigung eines proportionalen Verhaltens reduziert sich die Systemordnung des FE-Modells auf $n = 505$ und man erhält die Dominanztabelle **5.3**. **Bild 5.4** zeigt den berechneten Frequenzgang für das Originalsystem 505. Ordnung und das reduzierte Modell mit $n = 5$. Ausgangsgröße ist hier die Motordrehwinkelgeschwindigkeit $\dot{\varphi}_M$. Der entsprechende Knotenpunkt trägt die Nummer 5 in **Bild 3.7**. Die Eingangsgröße stellt wiederum u_{st} dar entsprechend dem Sollwert für die einzustellende Ankerspannung u_A. Das zugehörige Übergangsverhalten gibt **Bild**

System mit proportionalem Verhalten des Transistorstellers

**Steuer- und Beobachtungsdominanz (Spalte STBEDOM);
Uebertragungsdominanz (Spalte UEBDOM)**

Nr.	Eigenwerte Realteil	Eigenwerte Imaginaerteil	STBEDOM	UEBDOM
1	-2.3670E+08	0.0000E+00	0.0000E+00	0.0000E+00
2	-6.5513E+07	0.0000E+00	0.0000E+00	0.0000E+00
.				
438	-1.7585E+02	1.6892E+03	2.1966E-12	4.7681E-23
439	-1.7585E+02	-1.6892E+03	2.1966E-12	4.7681E-23
440	-4.9545E+01	8.9902E+02	4.9524E-11	4.4218E-20
441	-4.9545E+01	-8.9902E+02	4.9524E-11	4.4218E-20
442	-5.4313E+01	6.9735E+01	4.6399E-08	2.7905E-15
443	-5.4313E+01	-6.9735E+01	4.6399E-08	2.7905E-15
444	6.4510E-06	0.0000E+00	1.0000E+00	7.0711E-01
.				
505	-8.1867E+03	0.0000E+00	2.3201E-27	9.7486E-43

Tabelle 5.3: Dominanztabelle für das FE-Modell mit 505. Ordnung; Modellierung des Transistorstellers als P-Glied

5.5 wieder.

Der Frequenzgang (für die beiden Systeme in **Bild 5.4**) wurde dabei nach folgender Herleitung berechnet:

$$F(\jmath\omega) = \underline{c}^T \left(\jmath\omega\underline{I} - \underline{A}\right)^{-1} \underline{b} \tag{5.9}$$

$$F(\jmath\omega) = \underline{c}^T \left[\underline{V}\left(\jmath\omega\underline{I} - \underline{V}^{-1}\underline{A}\,\underline{V}\right)\underline{V}^{-1}\right]^{-1} \underline{b} \tag{5.10}$$

bzw.

$$F(\jmath\omega) = \underline{c}^T\underline{V}\left(\jmath\omega\underline{I} - \underline{\Lambda}\right)^{-1}\underline{V}^{-1}\underline{b} \tag{5.11}$$

$$F(\jmath\omega) = \underline{c}^T\underline{V}\mathrm{diag}\left\{\frac{1}{\jmath\omega - \lambda_k}\right\}\underline{V}^{-1}\underline{b} \tag{5.12}$$

Während der Frequenzbereich bei hohen ω erwartungsgemäß Unterschiede zeigt, stimmt das Übergangsverhalten von Originalsystem und reduziertem Modell wieder sehr gut überein. Erst in extremer Vergrößerung werden Unterschiede zwischen den Kurven erkennbar: **Bild 5.6**.

Die Ursache dafür liegt im hohen Abstand zwischen der ersten charakteristischen Systemeigenfrequenz bei $f \approx 14\,\mathrm{Hz}$, die dem ungeregelten Gleichstrommotor zugeordnet ist, und der ersten dominanten *mechanischen* Eigenfreqenz bei $f \approx 143\,\mathrm{Hz}$. Bei der Berechnung der Sprungantwort des Systems im Zeitbereich wird die starke Unterdrückung der 143 Hz-Eigenfrequenz deutlich.

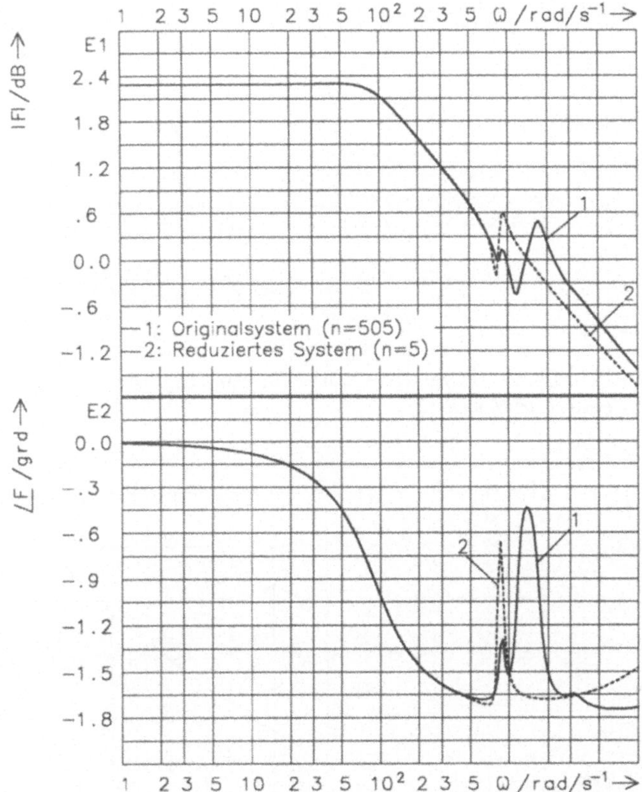

Bild 5.4: Berechneter Frequenzgang für das Originalsystem (1) und das reduzierte Modell mit $n = 5$ (2); Eingangsgröße ist der Sollwert u_{st} für die Ankerspannung; Ausgangsgröße ist die Drehwinkelgeschwindigkeit $\dot{\varphi}_M$ des Motors

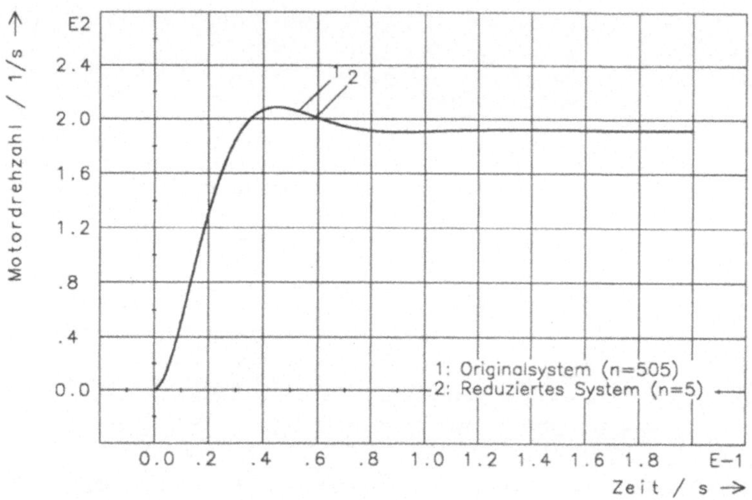

Bild 5.5: Berechnetes Übergangsverhalten für das Originalsystem (1) und das reduzierte Modell (2)

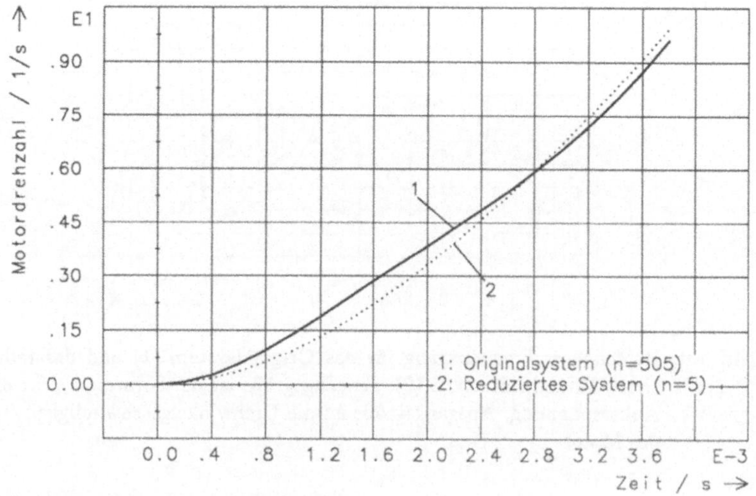

Bild 5.6: Zoom der Kurve aus **Bild 5.5**; Originalsystem mit (1), reduziertes Modell mit (2) markiert

5.4.3 Zusammenfassung

Das modale Ordnungsreduktionsverfahren nach LITZ wurde in dieser Arbeit auf die folgende Modellvarianten angewendet:

- M3: Rechenmodell 43. Ordnung im Zustandsraum auf der Basis der Lagrange'schen Gleichung 2. Art und

- M4: spezielles FE-Rechenmodell 505. Ordnung im Zustandsraum für die Verwendung des Programmes ELFE_FE.

Für die Schwachstellenanalyse der mechanischen Übertragungskomponenten wurde das System jeweils mit einer relativ beliebig dimensionierten Torsionsfederkonstanten inertial gefesselt. Die Kopplung mit den Gleichungen des jeweiligen Vorschubmotors und dessen Leistungsbaugruppe erfolgt wie in Abschnitt 3.2 beschrieben.

Bei der gegebenen Konstellation des Vorschubsystems zeigt sich die eindeutige Dominanz der folgenden, auch experimentell festgestellten, Eigenfrequenzen bzw. Eigenformen:

- Dominante Eigenfrequenz mit $f \approx 14\,\text{Hz}$: Eigenfrequenz des ungeregelten Gleichstrommotors (Typ **A**), „elektrische" Eigenfrequenz.

- Dominante Eigenfrequenz mit $f \approx 143\,\text{Hz}$: Resonanzfrequenz des Schlitten-, Mutter-, Spindelsystems, „mechanische" Eigenfrequenz.

Rechnerisch wie experimentell identifizierte Biegeeigenformen erweisen sich als *nicht* dominant sowohl

- hinsichtlich des wesentlichen Übertragungspfades zwischen der *Ankerspannung* als *Eingangsgröße* für das System und der *Schlittenposition* entsprechend der *Regelgröße* als betrachteten *Systemausgang* als auch

- bei Betrachtung des Übertragungspfades zwischen einer sprungförmigen Vorschubkrafteinprägung am Werkzeugschlitten und wiederum der Schlittenposition als Ausgangsgröße.

Dabei spielt es keine Rolle, ob Vorschubsysteme mit

- angestellter Spindellagerung oder

- Fest-Loslageranordnung

betrachtet werden.

Der Einfluß der Totzeit der Leistungsbaugruppe (pulsbreitenmodulierter Transistorsteller mit 2,5 kHz Taktfrequenz) auf das dynamische Verhalten des Systems wurde ersatzweise anhand eines linearen PT1-Übertragungsgliedes mit einer worst case Zeitkonstante von 1 ms untersucht, vgl. hierzu auch Abschnitt 3.

Die Dominanzzahl des zugehörige Eigenwertes bei $\lambda = -1000$ ist in allen Fällen stets *kleiner* als die des ersten konjugiert komplexen mechanischen Polpaares mit $\lambda = -49{,}5 \pm j899$. Aus diesem Grund wurden für die Reglersynthese nur Systeme mit reiner P-Charakteristik für die Leistungsbaugruppe verwendet.

Insgesamt reichte bei den untersuchten Vorschubsystemen die Ordnungsreduktion auf $n = 5$ Freiheitsgrade entsprechend zwei konjugiert komplexen Polpaaren zuzüglich des Integratorpoles numerisch näherungsweise in Null.

Die Anwendung der modalen Ordnungsreduktion nach LITZ auf die beiden völlig unterschiedlichen Modelle M3 und M4 führte, äquivalente Systemverhältnisse vorausgesetzt, stets zu vergleichbaren Ergebnissen. Dabei konnten keinerlei numerische Vorteile des Modells M3 auf der Basis der Lagrange'schen Gl. 2. Art festgestellt werden (trotz der wesentlich niedrigeren Systemordnung im Zustandsraum: $n = 43$ gegenüber $n = 505$). In beiden Fällen lag die maßgebende Konditionszahl für die Matrix der Eigenvektoren in der gleichen Größenordnung: $R_{cond} \approx 10^{-10}$.

5.4.4 Problematik des Verfahrens der modalen Ordnungsreduktion

Im folgenden soll die Problematik des Verfahrens kurz angesprochen werden:

1. Entgegen der Theorie beeinflußt die Wahl der wesentlichen Zustandgrößen die Kondition der Matrix $\underline{\underline{A}}_R$ des reduzierten Systems erheblich [7]. Im Zusammenhang mit der Verwendung des reduzierten Modells als Basis für einen Reglerentwurf ist diese Einschränkung aber unwesentlich. Allein schon im Interesse guten Beobachterverhaltens wird man nur *dynamisch* wertvolle Zustandsvariablen aus dem Originalsystem mit in das reduzierte Modell übernehmen.

2. Die Reduktion konnte nur erfolgreich mit den EISPACK-Routinen [12] zur Lösung des Eigenwert-, Eigenvektorproblems durchgeführt werden (driverroutine RG).

3. Der Dämpfungsansatz muß dem Modell jeweils angepaßt werden. Insbesondere erfordert hier die Betrachtung des rein *mechanischen* Modelles eine erhebliche Reduktion des Lehr'schen Dämpfungsmaßes und eine entsprechende hohe Bewertung des massenproportionalen Dämpfungsanteils (hier: $D_L = 0{,}003, a_1 = 100$), um den realen Gegebenheiten in etwa gerecht zu werden. Der steifigkeitsproportionale Dämpfungsanteil wird völlig unterdrückt: $a_2 = 0$ in Gl. (3.48).

   Das elektromechanische Hybridsystem kann vergleichsweise problemlos angepaßt werden, wenn die erste dominante mechanische Eigenfrequenz als Ansatzpunkt für die Dämpfung gewählt wird. Über das Lehr'sche Dämpfungsmaß erfolgt dann direkt die Einstellung der Dämpfung, d. h. der Betrag des Realteiles des entsprechenden Eigenwertes. In diesem Fall muß ohne massenproportionalen Dämpfungsanteil gerechnet werden ($a_1 = 0$). Die Unterschiede im Realteil der Eigenwerte für das rein mechanische System und das elektromechanische Hybridsystem entstehen auf Grund der unterschiedlichen Dämpfungsansätze.

4. Verlust der physikalischen Bedeutung der *Koeffizienten* der Systemmatrix $\underline{\underline{A}}_R$ und des Eingangsvektors $\underline{b}_R$ im reduzierten System.

5. Zeit- und insbesondere speicheraufwendige Numerik bei entsprechend großen Matrizendimensionen im Zustandsraum (FE-Modellierung mit ELFE_FE, proportional angenommenes Transistorstellerverhalten: $n = 505$). Der Reduktionsalgorithmus setzt die Berechnung *aller* Eigenwerte und Eigenvektoren der (völlig unsymmetrischen) Systemmatrix $\underline{\underline{A}}$ voraus.

6 Digitale Zustandsregelung hybrider Systeme

An die Modellbildung der Regelstrecke schließt in der Praxis der Entwurf der digitalen Zustandsregelung an. Die in Kapitel 3 vorgestellten Verfahren zur Erstellung mathematisch-physikalischer Ersatzstrukturen für das reale Objekt eines elektromechanischen Vorschubantriebs, bzw. die Ergebnisse der modalen Ordnungsreduktion aus Abschnitt 5 liefern die Beschreibung der linearen, zeitinvarianten Regelstrecke in Zustandsdarstellung mit geeignet dimensionierten Matrizen $\underline{A}$ und $\underline{C}$ sowie passendem Vektor $\underline{b}$:

$$\underline{\dot{x}}(t) = \underline{A}\,\underline{x}(t) + \underline{b}\,u(t) \tag{6.1}$$

$$\underline{y}(t) = \underline{C}\,\underline{x}(t) \tag{6.2}$$

Zur Vereinfachung der Schreibweise werden die zeitabhängigen Größen $\underline{x}(t), \underline{y}(t)$ und $u(t)$ auch kurz mit $\underline{x}, \underline{y}, u$ bezeichnet.

Die Systemordnung beträgt zunächst $n = 5$. Die Zahl der Ausgangsgrößen ist $m = 3$, wobei

- Ankerstrom $i_A = y_1$,

- Schlittenposition $x = y_2 \,\widehat{=}\,$ Regelgröße,

- Motorwinkelgeschwindigkeit $\dot{\varphi}_M = y_3$.

Eingangsgröße für das System ist die inkremental vorgegebene Steuerspannung u_{st} für den pulsbreitenmodulierten Transistorsteller entsprechend der einzustellenden Ankerspannung u_A.

Der Entwurf digitaler Zustandsregelungen kann dabei sowohl im Zeitbereich wie im Frequenzbereich erfolgen und zwar entweder am zeitkontinuierlichen oder am diskretisierten System.

6.1 Entwurf von Zustandsreglern im Zeitbereich

Für die Überprüfung der Steuerbarkeit, Beobachtbarkeit und Regelbarkeit von linearen Systemen mit den Zustandsgleichungen (6.1, 6.2) existieren eine Reihe von algebraischen Kriterien, z.B. [29, 74]. Im folgenden wird stets von einer voll steuerbaren und beobachtbaren Regelstrecke ausgegangen.

Ausgehend von den Gleichungen (6.1) und (6.2) sind grundsätzlich zwei Möglichkeiten denkbar für die gezielte Beeinflussung der Strecke über den Streckeneingriff u:

1. *Ausgangsrückführung* (Teilzustandsrückführung) mit dem Stellgesetz

$$u(t) = -\underline{k}_m^T \underline{y}(t) + lw(t) = -\underline{k}_m^T \underline{\underline{C}}\, \underline{x}(t) + lw(t) \tag{6.3}$$

2. vollständige *Zustandsrückführung* mit dem Stellgesetz

$$u(t) = -\underline{k}^T \underline{x}(t) + lw(t) \tag{6.4}$$

Dabei sind $\underline{k}_m \in \mathbb{R}^{1,m}$ und $\underline{k}^T \in \mathbb{R}^{1,n}$ zeitinvariante Aufschaltvektoren für den kompletten Streckenzustand im Fall 2 der vollständigen Zustandsrückführung oder nur für einen Teil davon, entsprechend der Anzahl m der zur Verfügung stehenden Meßgrößen bei der Ausgangsrückführung, häufig auch als Teilzustandsrückführung bezeichnet.

Die Abhängigkeit der Steuerung $u(t)$ vom angestrebten Sollwert $w(t)$ findet ihren Ausdruck in der Aufschaltung l für die Führungsgröße.

Der Entwurf von konstanten Ausgangsrückführungen ist delikat und methodisch aufwendig. Basierend auf den Ansätzen von LEVINE-ATHANS und KOSUT [44, 48] sind hier eine ganze Reihe von Verfahren speziell für Mehrgrößensysteme entstanden [47, 49, 62]. Einen guten Überblick zu dieser Thematik gibt FÖLLINGER in [15].

Die in dieser Arbeit angewendete Methode der modalen Ordnungsreduktion auf das ursprüngliche large-scale system und der anschließende Reglerentwurf am reduzierten Modell stellt systemtheoretisch eine Variante der Ausgangsrückführung dar [15]. Der Reglerentwurf selbst erfolgt aber am reduzierten System mit vollständiger Zustandsrückführung. Die Erprobung der Zustandsregelung geschieht bereits am realen Objekt. Daher kann auf die Simulation der Regelung am Originalsystem hoher Ordnung verzichtet werden.

Einsetzen von Gleichung (6.4) in (6.1) ergibt die Zustandsgleichung des Regelkreises:

$$\underline{\dot{x}}(t) = \left(\underline{\underline{A}} - \underline{b}\,\underline{k}^T\right)\underline{x}(t) + \underline{b}\,l\,w(t) \tag{6.5}$$

Die Ausgangsgleichung bleibt erhalten:

$$\underline{y}(t) = \underline{\underline{C}}\,\underline{x}(t) \tag{6.6}$$

bzw.

$$y(t) = \underline{c}^T \underline{x}(t) \tag{6.7}$$

für den Fall, daß nur die Regelgröße ausgangsseitig Betrachtung findet. Das Blockschaltbild der entsprechend $u(t)$ angesteuerten Regelstrecke zeigt **Bild 6.1**. Unter der Voraussetzung vollständiger Steuerbarkeit der Regelstrecke sind über die lineare Rückführung von $\underline{k}^T$ die Eigenwerte der Matrix $\underline{\underline{A}} - \underline{b}\,\underline{k}^T$ und damit die Dynamik des geregelten Systems theoretisch beliebig beeinflußbar [29]. Die hergeleiteten Beziehungen gelten unter der Voraussetzung, daß alle Zustandsgrößen gleichzeitig auch Meßgrößen sind, was aber in der Praxis nur sehr selten zutrifft. Für den betrachteten Vorschubantrieb besitzt die Regelstrecke zunächst die Ordnung $n = 5$ (vgl. Modelle M3, M4, M5 aus Kapitel 3). D.h. zwei Zustände sind

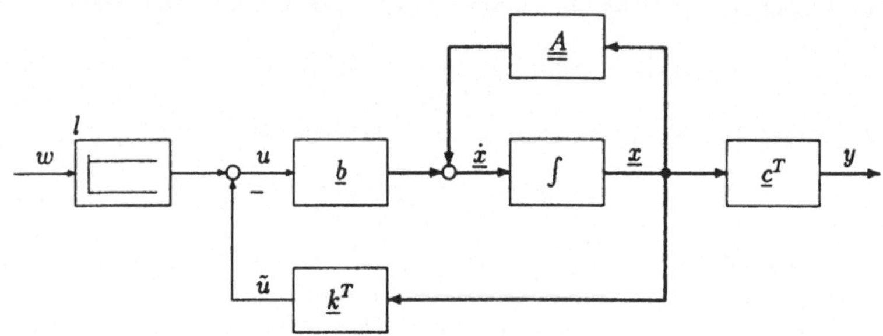

Bild 6.1: Regelstrecke mit linearer, zeitinvarianter Zustandsrückführung und Führungsgrößenaufschaltung

jeweils nicht meßbar und müssen im Normalfall geeignet rekonstruiert werden, damit eine vollständige Zustandsrückführung möglich ist. Weiterhin berücksichtigt die Struktur der bisher vorgestellten Zustandsregelung keinerlei Störeingriffe auf das System.

6.1.1   Theorie der Zustandsbeobachtung im Zeitbereich

Dieser Abschnitt beschreibt kurz die Möglichkeiten der Rekonstruktion nicht meßbarer Zustände bzw. linearer Funktionale [2, 29, 50, 57, 72, 73]. Gleichzeitig wird die Auswahl der vorgestellten Verfahren für die Realisierung am Vorschubantrieb erläutert.

6.1.1.1   Beobachter reduzierter Ordnung

Nach LUENBERGER [50] genügt ein Beobachter $n-m$ter Ordnung, um den Zustand eines Systems n-ter Ordnung zu rekonstruieren. Die Struktur des reduzierten Beobachters gibt **Bild 6.2** wieder. Als Zustandsgleichung für den reduzierten Beobachter folgt:

$$\dot{\underline{z}} = \underline{\underline{F}}\,\underline{z} + \underline{t}\,u + \underline{\underline{D}}\,\underline{y} \tag{6.8}$$

Hierbei besitzt $\underline{\underline{F}}$ die Dimension $\mathbb{R}^{n-m,n-m}$. Der Zusammenhang zwischen dem Beobachterzustand $\underline{z}$ und dem Streckenzustand $\underline{x}$ im stationären Fall wird durch die Transformationsmatrix $\underline{\underline{T}}$ hergestellt:

$$\underline{z}(t) = \underline{\underline{T}}\,\underline{x}(t) \tag{6.9}$$

Die Gleichung des Beobachterfehlers folgt unter Vernachlässigung einwirkender Störungen mit der Beziehung

$$\underline{\xi} = \underline{z} - \underline{\underline{T}}\,\underline{x} \tag{6.10}$$

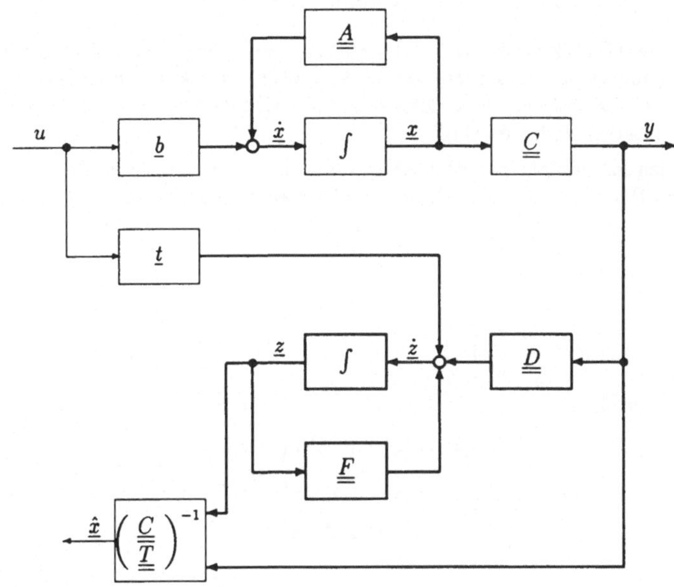

Bild 6.2: Struktur des reduzierten Beobachters

zu

$$\dot{\xi} = \underline{\underline{F}}\,z - \underline{\underline{T}}\left(\underline{\underline{A}}\,\underline{x} + \underline{b}\,u\right) + \underline{t}\,u + \underline{\underline{D}}\,\underline{\underline{C}}\,\underline{x} \tag{6.11}$$
$$\dot{\xi} = \underline{\underline{F}}\,\xi + \left(-\underline{\underline{T}}\,\underline{\underline{A}} + \underline{\underline{F}}\,\underline{\underline{T}} + \underline{\underline{D}}\,\underline{\underline{C}}\right)\underline{x} + \left(\underline{t} - \underline{\underline{T}}\,\underline{b}\right)u$$

Die Entwurfsgleichungen des Beobachters lauten damit [29, 50]:

$$\underline{\underline{T}}\,\underline{\underline{A}} - \underline{\underline{F}}\,\underline{\underline{T}} = \underline{\underline{D}}\,\underline{\underline{C}} \tag{6.12}$$
$$\underline{t} - \underline{\underline{T}}\,\underline{b} = \underline{0} \tag{6.13}$$

Die Rekonstruktion des Streckenzustandes $\underline{\hat{x}}$ folgt mit:

$$\underline{\hat{x}} = \left(\frac{\underline{\underline{C}}}{\underline{\underline{T}}}\right)^{-1}\cdot\left(\frac{y}{\underline{z}}\right) \tag{6.14}$$

Bei Vorgabe von $\underline{\underline{D}}$ und $\underline{\underline{F}}$ wird das Entwurfsproblem linear in den Gleichungen und stellt eine *Ljapunov*-Gleichung dar, die mit Standardsoftware zu lösen ist. Für $\underline{t}$ folgt einfach

$$\underline{t} = \underline{\underline{T}}\,\underline{b}$$

6.1.1.2   Beobachter für lineare Funktionale

Eine weitere Reduktion der Beobachterordnung ist möglich, wenn nicht alle fehlenden Zustandsvariablen, sondern nur die *Stellgröße* $u = -\underline{k}^T \underline{x}$ rekonstruiert werden soll. Dies führt auf den Beobachter minimaler Ordnung $n_B = \nu - 1$, wobei ν der Beobachtbarkeitsindex ist [50].

Die Ableitung erfolgt vom Beobachter reduzierter Ordnung unter Zusammenfassung des Rückführvektors $\underline{k}^T$ des Zustandsreglers und der Rekonstruktionsmatrix

$$\left(\frac{\underline{\underline{C}}}{\underline{\underline{T}}} \right)^{-1}$$

zu:

$$u(t) = \underline{k}^T \left(\frac{\underline{\underline{C}}}{\underline{\underline{T}}} \right)^{-1} \cdot \left(\frac{\underline{y}}{\underline{z}} \right) = \left(\underline{g}^T \mid \underline{e}^T \right) \left(\frac{\underline{y}}{\underline{z}} \right) \tag{6.15}$$

Damit folgt für $\underline{k}^T$:

$$\underline{k}^T = \left(\underline{g}^T \mid \underline{e}^T \right) \left(\frac{\underline{\underline{C}}}{\underline{\underline{T}}} \right) \tag{6.16}$$

Insgesamt resultiert dann zur Bildung des Stelleingriffs u:

$$u(t) = \underline{g}^T \underline{y}(t) + \underline{e}^T \underline{z}(t) \tag{6.17}$$

mit

$$\underline{\dot{z}} = \underline{\underline{F}}\,\underline{z} + \underline{\underline{D}}\,\underline{y} + \underline{\underline{T}}\,\underline{b}\,u \tag{6.18}$$

und

$$\underline{\underline{F}} \in \mathbb{R}^{n_B, n_B}; \quad \underline{\underline{D}} \in \mathbb{R}^{n_B, m}; \quad \underline{\underline{T}} \in \mathbb{R}^{n_B, n}; \quad \underline{g}^T \in \mathbb{R}^{1, m}; \quad \underline{e}^T \in \mathbb{R}^{1, n_B};$$

Die Entwurfsgleichungen lauten:

$$\underline{\underline{T}}\,\underline{\underline{A}} - \underline{\underline{F}}\,\underline{\underline{T}} = \underline{\underline{D}}\,\underline{\underline{C}} \Rightarrow n_B \cdot n \quad \text{Bedingungen}$$

$$\underline{g}^T \underline{\underline{C}} + \underline{e}^T \underline{\underline{T}} = \underline{k}^T \Rightarrow n \quad \text{Bedingungen}$$

Bei vollständiger Vorgabe von $\underline{\underline{F}}$ und $\underline{e}^T$ entstehen zwei lineare Gleichungssysteme, die simultan gelöst werden müssen, bzw. zur numerischen Berechnung unter der Voraussetzung reeller Beobachterpole zu einem Gleichungssystem zusammengefaßt werden können.

6.1.2   Beobachter im Regelkreis

Für die numerische Simulation des geregelten Systems ist die Einbindung der Zustandsgleichungen in den Regelkreis notwendig. Im Fall des Beobachters für lineare Funktionale folgt die Gleichung für den Regelkreis aus (6.1) und (6.2) unter Berücksichtigung von (6.4), (6.15) sowie (6.18) zu:

$$\left(\begin{array}{c} \underline{\dot{x}}(t) \\ \underline{\dot{z}}(t) \end{array} \right) = \left(\begin{array}{cc} \underline{\underline{A}} - \underline{b}\,\underline{g}^T \underline{\underline{C}} & -\underline{b}\,\underline{e}^T \\ (\underline{\underline{D}} - \underline{\underline{T}}\,\underline{b}\,\underline{g}^T)\,\underline{\underline{C}} & \underline{\underline{F}} - \underline{\underline{T}}\,\underline{b}\,\underline{e}^T \end{array} \right) \left(\begin{array}{c} \underline{x}(t) \\ \underline{z}(t) \end{array} \right) + \left(\begin{array}{c} \underline{b}\,l \\ \underline{\underline{T}}\,\underline{b}\,l \end{array} \right) w(t)$$

$$\underline{y}(t) = \left(\underline{\underline{C}} \quad \underline{0} \right) \left(\begin{array}{c} \underline{x}(t) \\ \underline{z}(t) \end{array} \right)$$

6.1.3 Auswahl einer geeigneten Beobachterstruktur im Zeitbereich

Der Vergleich der Beobachterstrukturen fällt im Zeitbereich zugunsten der beiden Varianten

- Beobachter reduzierter Ordnung: $n_B = n - m$ und

- Beobachter minimaler Ordnung für das lineare Funktional $u(t)$: $n_B = n - m - \nu$

aus. Die Gründe hierfür sind:

1. Geringerer Realisierungsaufwand und Auslegungsaufwand gegenüber dem Einheitsbeobachter und Kalman-Filter ($n_B = n$).

2. Da keine stark verrauschten Meßsignale am Vorschubantrieb vorhanden sind, wurde auf den Entwurf eines *reduzierten* Kalman-Filters verzichtet [39, 40].

6.1.4 Berücksichtigung von Störgrößen

Bei der Modellierung der Regelstrecke wurde bisher stets von einem störungsfreien System ausgegangen. Der reale Vorschubantrieb dagegen ist aber einer Reihe von Störeinflüssen ausgesetzt. Dies sind im wesentlichen:

- Zerspanprozeßkräfte (Vorschubkräfte),

- Reibung in den

    - Führungen des Maschinenschlittens, den
    - Lagern der Kugelgewindespindel, im
    - Spindelmutterbereich sowie in den
    - Motorlagern (i. allg. vernachlässigbar gegenüber den anderen Komponenten).

Während die aus dem Zerspanprozeß auf den Vorschubantrieb wirkenden Kräfte i. allg. recht genau bekannt sind, hängt die Größe des Einflusses der Reibung unmittelbar mit der konstruktiven Gestaltung der mechanischen Komponenten des Antriebs zusammen. Grundsätzlich gilt dabei: Mit wachsender Vorspannung im System nimmt auch der Anteil der Reibung zu. Anders ausgedrückt: Hohe Systemsteifigkeit (statisch wie dynamisch) geht auf Kosten ungünstiger werdender Reibungsverhältnisse. Methoden zur rechnerischen Modellierung von Reibungsverhältnissen führen auf nichtlineare Kennlinien (vgl. [67]), die bei der *linearen* Synthese von Zustandsreglern i. allg. nicht berücksichtigt werden, bestenfalls in der anschließenden Zeitbereichssimulation des Systems.

Die Regelungstechnik bietet im wesentlichen zwei Möglichkeiten der Berücksichtigung von Störgrößen:

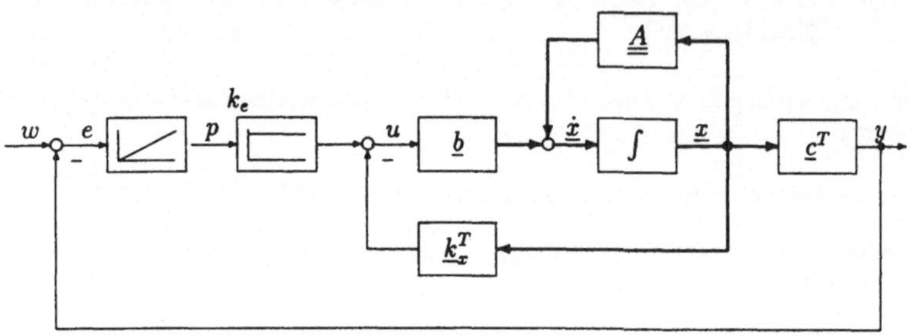

Bild 6.3: Struktur einer Zustandsregelung mit integraler Ausgangsrückführung

1. Störgrößenkompensation durch geeignete Störgrößenaufschaltung bei Zustandsreglern oder

2. Integrale Ausgangsrückführung.

Wesentliche Voraussetzung für die Anwendbarkeit der Störgrößenaufschaltung ist dabei die

- genaue Kenntnis des Störprozesses bzw.

- die Meßbarkeit der Störgröße.

Diese Bedingungen sind allerdings an Vorschubantrieben für NC-Systeme nur schwierig zu erfüllen.

Die Möglichkeit der Berücksichtigung von Störgrößen durch eine integrale Ausgangsrückführung ist in diesem Zusammenhang nahezu uneingeschränkt anwendbar. Der I-Anteil im klassischen Regler kann dabei nach [29] als Signalprozeß für sprungförmige Stör- und Führungssignale interpretiert werden. Die Struktur des Regelkreis mit integraler Ausgangsrückführung gibt **Bild 6.3** wieder.

6.1.5   Zustandsregelung mit integraler Ausgangsrückführung

Der Integralanteil wird formal der Regelstrecke zugeordnet. Die Ordnung der Regelstrecke erhöht sich dadurch um 1 von bisher $n = 5$ auf $n = 6$. Für die erweiterte Strecke gelten dann die Zustandsgleichungen:

$$\begin{pmatrix} \dot{x}(t) \\ \dot{p}(t) \end{pmatrix} = \begin{pmatrix} \underline{\underline{A}} & 0 \\ -\underline{c}^T & 0 \end{pmatrix} \begin{pmatrix} \underline{x}(t) \\ p(t) \end{pmatrix} + \begin{pmatrix} \underline{b}\,u(t) \\ 0 \end{pmatrix} \tag{6.19}$$

bzw.

$$\underline{\dot{x}}^* = \underline{\underline{A}}^* \, \underline{x}^* + \underline{b}_1^* \, u^* \tag{6.20}$$

Mit dem Stellgesetz des erweiterten Systems

$$u^* = -\underline{k}^{*T}\underline{x}^* = (\underline{k}_x^T \mid -k_e)\begin{pmatrix} \underline{x}(t) \\ \dot{p}(t) \end{pmatrix} \qquad (6.21)$$

erhält man schließlich die Zustandsdarstellung des Regelkreises:

$$\underline{\dot{x}}^* = \left(\underline{A}^* - \underline{b}_1^*\underline{k}^{*T}\right)\underline{x}^* + \underline{b}_2^* w \qquad (6.22)$$

bzw.

$$\begin{pmatrix} \underline{\dot{x}} \\ \dot{p} \end{pmatrix} = \begin{pmatrix} \underline{A} - \underline{b}\,\underline{k}_x^T & \underline{b}\,k_e \\ -\underline{c}^T & 0 \end{pmatrix}\begin{pmatrix} \underline{x} \\ p \end{pmatrix} + \begin{pmatrix} 0 \\ 1 \end{pmatrix} w$$

$$\underline{\dot{x}}^* = \underline{A}_R^*\,\underline{x}^* + \underline{b}_R^*\,w$$

$$y^* = y = \underline{c}^T\underline{x} = (\underline{c}^T \mid 0)\begin{pmatrix} \underline{x} \\ p \end{pmatrix} = \underline{c}^{*T}\underline{x}^*$$

bzw.

$$\underline{y}^* = \underline{c}^{*T}\,\underline{x}^*$$

k_e wird von dem berechneten $\underline{k}^T$ abgespalten.

Die vorgestellte Variante dient im weiteren als Basis für die Festlegung der Regelkreisdynamik.

6.1.6 Verfahren zum Festlegen der Regelkreisdynamik

Die Pole des geregelten Systems können über den zeitinvarianten Rückführvektor $\underline{k}^T$ theoretisch beliebig eingestellt werden. In der Praxis hängt die „beliebige" Einstellung allerdings sehr stark von den verfügbaren Stellenergiereserven des Systems ab. In diesem Fall von den zulässigen, gefahrlos zu realisierenden maximalen Stromamplituden. Moderne Leistungsbaugruppen von konventionellen, d. h. drehzahl- und stromgeregelten Vorschubservomotoren sind durchwegs in der Lage, $2,5 - 4$-fachen Nennstrom auch über längere Zeiträume (typisch $\approx 200\,\mathrm{ms}$) zu liefern. Damit erfüllen sie die Anforderungen als Stellglied innerhalb einer *digitalen Zustandsregelung* im Normalfall ohne Probleme.

Prinzipiell kommen zwei Möglichkeiten in Frage, um den zeitinvarianten Rückführvektor $\underline{k}^T$ zu bestimmen:

1. Polvorgabe;

2. Optimierung nach einem quadratischen Gütekriterium
   $\Rightarrow$ *optimaler* Zustandsregler, Riccati-Regler.

6.1.6.1 Polvorgabe

Für die Dynamikmatrix $\underline{A} - \underline{b}\,\underline{k}^T$ des *geregelten* Systems folgt das charakteristische Polynom aus:

$$\det\left(s\,\underline{I} - \left(\underline{A} - \underline{b}\,\underline{k}^T\right)\right) = 0 \qquad (6.23)$$

Die Bestimmung von $\underline{k}^T \in \mathrm{IR}^{1,n}$ muß dabei so erfolgen, daß die charakteristische Gleichung (6.23) die vorgegebenen Pole als Nullstellen enthält. Die notwendigen Rechenvorschriften können der Literatur entnommen werden, z. B. [1, 16, 17, 29, 38].

Die Vorgabe der Pole muß sich dabei an den physikalischen (Stell-)Möglichkeiten des realen Systems orientieren. Am betrachteten Versuchsstand bereiteten Polverteilungen nach Filtercharakteristiken aus der Nachrichtentechnik, insbesondere Bessel- und Butterworthfilter erhebliche Schwierigkeiten bei linearen Regelungsentwürfen. Eine LaVerne Terrace Polverteilung [61] zeigte sich in einem Fall mit nichtlinearer Regelung (Strukturumschaltung) bei starrer Idealisierung der mechanischen Komponenten im Antriebsstrang erfolgreich [13].

6.1.6.2   Optimaler Zustandsregler (Riccati-Regler)

Das lineare Rückführgesetz $u(t) = -\underline{k}^T\underline{x}(t)$, das beliebige Polzuweisung für vollständig steuerbare Strecken ermöglicht, wird optimal im Sinne der Minimierung eines quadratischen Gütefunktionals gestaltet. Die Formulierung des entsprechenden Integralkriteriums erfolgt üblicherweise zu:

$$J = \frac{1}{2}\underline{x}^T(t_1)s\,\underline{x}(t_1) + \int\limits_{t_0}^{t_1} \left(\underline{x}^T(t)\underline{\underline{Q}}\underline{x}(t) + u^T(t)Ru(t) \right) dt \qquad (6.24)$$

Für elektrische Vorschubantriebe bedeutet dies im wesentlichen die Optimierung des Einsatzes der zur Verfügung stehenden Stellenergie der Leistungsbaugruppe des Vorschubmotors.

Die Gewichtungsmatrix $\underline{\underline{Q}}$ ist dabei konstant, reell, symmetrisch und positiv semidefinit zu wählen. Für zeitinvariante, asymptotisch stabile Systeme mit $\underline{\underline{Q}}$ = const., R = const., $t_1 \to \infty$ entfällt die Bewertung des Endzustandes, d. h. $\overline{s} = 0$.

BREMER [8] gibt für die Besetzung der *Diagonalelemente* von $\underline{\underline{Q}}$ eine Faustregel an, die auch hier Verwendung findet:

$$\underline{\underline{Q}} \;=\; \mathrm{diag}\,(q_i) = \left(\frac{\text{max. erwarteter Wert der Stellgröße}}{\text{max. erwarteter Wert der i-ten Zustandsgröße}} \right)^2 ;$$

$$i = 1,\dots,n; \quad n : \text{Systemordnung}$$

Als Maximalwert für die Stellgröße wird von 10 % ausgegangen. Die Festlegung der Bewertungsfaktoren für die einzelnen Zustandsgrößen erfolgt nach **Tabelle 6.1**. Dabei schränkt die Vorgabe der Hauptdiagonalen von $\underline{\underline{Q}}$ die möglichen Pollagen für den Riccati-Entwurf stark ein [29].

Zustandsgröße	max. zu erwartender Wert	Einheit
i_A	$2,8$	
p	$0,001$	m
x_T	$0,001$	m
$\dot{\varphi}_M$	$10\%\,\dot{\varphi}_{M,N}$	rad/s
$\dot{\varphi}_{Sp}$	$10\%\,\dot{\varphi}_{Sp,N}$	rad/s
$\dot{x}_T$	$10\%\,\dot{x}_{max}$	m/s

Tabelle 6.1: Bewertung der einzelnen Zustandsgrößen zur Besetzung der Bewertungsmatrix $\underline{\underline{Q}} = \text{diag}\,(q_i)\,, i = 1,\dots,n; n$: Systemordnung; Vorschlag nach [8]

6.1.7 Optimaler Zustandsregler mit vorgegebenem Stabilitätsgrad

Alle Riccati-Regler in dieser Arbeit wurden mit dieser Variante entworfen. Das zugehörige Gütefunktional lautet [22, 29]:

$$J = \int\limits_{t_0}^{t_1} e^{2\alpha t}\left(\underline{x}^T(t)\underline{\underline{Q}}\,\underline{x}(t) + u^T(t)\,r\,u(t)\right) dt \qquad (6.25)$$

Der Grundgedanke besteht darin, eine Mindestgeschwindigkeit der Übergangsvorgänge zu fordern, also

$$\Re\,(\lambda_i) < -\alpha$$

Damit geht die Matrix $\underline{\underline{A}}$ der gewöhnlichen Riccati-Gleichung über in $\underline{\underline{A}} + \alpha\underline{\underline{I}}$.

Der Vorteil dieser Variante besteht in der definierbaren Systemverstärkung. Dies ist vor allem vor dem Hintergrund des Entwurfs von Mehrachsregelungen für Werkzeugmaschinen vorteilhaft (Bahnkurven). Mit Hilfe des wählbaren Stabilitätsgrades α können gleiche Verstärkungen in allen Vorschubachsen einer Maschine eingestellt werden. Den maximal realisierbaren Stabilitätsgrad bestimmt dabei wie bei der konventionellen Kaskadenregelung die *dynamisch schwächste* Vorschubachse.

6.2 Frequenzbereichsentwurf von Zustandsreglern mit Integralanteil

Während im Zeitbereich Beobachter und Zustandsregler gemäß dem Separationsprinzip zunächst *getrennt* entworfen werden (eine gemeinsame Betrachtung ist nur für die Untersuchung des Störverhaltens notwendig), erfolgt im Frequenzbereich die Auslegung von Beobachter und Regler (evtl. mit Störgrößenbeobachter) in einem Prozeß [26, 27, 28, 29].

Bei dem hier betrachteten Frequenzbereichsentwurf eines Zustandsreglers mit Integralanteil ist die formale Erweiterung der Strecke nicht notwendig. Stattdessen wird der I-Anteil direkt im Ansatz der Reglerübertragungsfunktionen berücksichtigt. Die Ordnung des Reglers und des Beobachters ist jeweils $n_R = n_B = \nu - 1 = 1$ [26]. **Bild 6.4** zeigt die Struktur eines im Frequenzbereich entworfenen Zustandsreglers. Die Regelkreisgleichungen lauten dabei:

$$u^{\star T} = F_{Rw}^{\star}(s)W(s) + \sum_{i=1}^{m} F_{Ri}^{\star}(s)Y_i(s); \quad F_{Ri}^{\star} = \frac{Z_{Ri}^{\star}(s)}{N_{Ri}^{\star}(s)}, i = 1, m; \quad F_{Rw}^{\star} = \frac{Z_{Rw}^{\star}(s)}{N_{Ri}^{\star}(s)}$$

$$(6.26)$$

Die Führungsübertragungsfunktionen

$$\frac{Y_i(s)}{W(s)} = \frac{F_{Rw}^{\star} F_{si}}{1 - \sum_{j=1}^{m} F_{Rj}^{\star} F_{sj}} = \frac{Z_{Rw}^{\star} Z_{si}}{N_R^{\star} N_s - \sum_{j=1}^{m} Z_{Rj}^{\star} Z_{sj}} \tag{6.27}$$

enthalten im Nenner das charakteristische Polynom des Regelkreises:

$$N_{RK}(s) = N_R^{\star}(s)N_s(s) - \sum_{j=1}^{m} Z_{Rj}^{\star} Z_{sj} \tag{6.28}$$

$$= N_R(s)N_B(s) = \det(s\underline{I} - \underline{A}^{\star} + \underline{b}_1^{\star}\underline{k}^{\star T})\det(s\underline{I} - \underline{F}) \tag{6.29}$$

Die Reglerparameter folgen aus der Lösung eines linearen Gleichungssystems, das durch Umformung von Gl. (6.29) erhalten wird [26, 27, 29].

Für den hier betrachteten Fall eines elektrischen Vorschubsystems ist die Systemordnung der Regelstrecke $n = 5$. Die Anzahl der Meßgrößen beträgt $m = 3$, der Beobachtbarkeitsindex ergibt $\nu = 2$. Daher ist die Ordnung von Regler und Beobachter jeweils $\nu - 1 = 1$. Der I-Anteil wird im Übertragungskanal für die Regelgröße vorgesehen. Die Anordnung der Meßgrößen (mit x_T = Regelgröße) im Ausgangssvektor der Regelstrecke ist bekanntlich:

$$\underline{y} = (i_A, x_T, \dot{\varphi}_M)^T$$

Die Koeffizienten

- β_i für das charakteristische Polynom $N_R^{\star}$ des geregelten Systems (Polvorgabe)

$$N_R(s) = s^{n+1} + \beta_n^{\star} s^n + \ldots + \beta_1^{\star} s + \beta_0$$

- und die φ_k für das charakteristische Polynom N_B des Beobachters

$$N_B(s) = s^{\nu-1} + \varphi_{\nu-2} s^{\nu-2} + \ldots + \varphi_1 s + \varphi_0$$

werden nach geeigneten Gesichtspunkten vorgegeben (Polvorgabe). Die Koeffizienten der Polynome der Reglerübertragungsfunktionen

$$\begin{aligned}
N_R^{\star}(s) &= s\left(s^{\nu-1} + p_{\nu-2}s^{\nu-2} + \ldots + p_1 s + p_0\right) \\
Z_{R1}^{\star}(s) &= l_\nu^1 s^\nu + l_{\nu-1}^1 s^{\nu-1} + \ldots + l_1^1 s \\
Z_{R2}^{\star}(s) &= s\left(l_\nu^2 s^\nu + l_{\nu-1}^2 s^{\nu-1} + \ldots + l_1^2 s + l_0^2\right) \\
Z_{R3}^{\star}(s) &= l_\nu^3 s^\nu + l_{\nu-1}^3 s^{\nu-1} + \ldots + l_3^1 s
\end{aligned}$$

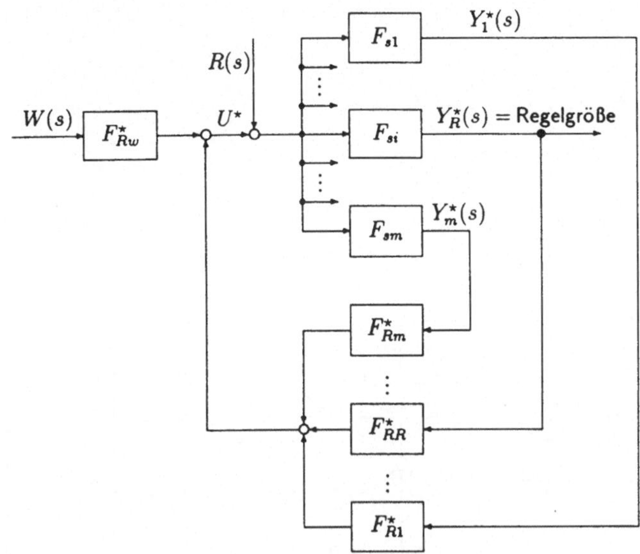

Bild 6.4: Struktur einer im Frequenzbereich entworfenen Zustandsregelung

sind über das erwähnte lineare Gleichungssystem zu bestimmen. In den Notierungen für die l_k^i respektive für c_0^2 bezeichnet der hochgestellte Index mit 1, 2 oder 3 die Stelle der Meßgröße im Ausgangsvektor $\underline{y}$:

$$i = 1 \,\widehat{=}\, i_A ; \quad i = 2 \,\widehat{=}\, x_T ; \quad i = 3 \,\widehat{=}\, \dot{\varphi}_M$$

Die Wahl der Koeffizienten des Zählerpolynoms von $F_{Rw}^{\star}$

$$Z_{Rw}^{\star}(s) = \left(s^{\nu-1} + \varphi_{\nu-2}s^{\nu-2} + \ldots + \varphi_1 s + \varphi_0\right) \frac{\beta_0^{\star}}{c_0^2}$$

erfolgt so, daß Auslöschung der Beobachterpole im Führungsübertragungsverhalten stattfindet. Der Faktor $\beta_0^{\star}/c_0^2$ bewirkt die stationäre Anpassung der Regelgröße; c_0^2 entspricht dabei dem konstanten Term im Zählerpolynom der Übertragungsfunktion der Strecke für die Regelgröße x_T. Mit den angebenen Dimensionen ergeben sich für das betrachtete System folgende zu realisierende Reglerübertragungsfunktionen:

$$F_{R1}^{\star} = \frac{l_2^1 s + l_1^1}{s\,(s+p_0)}; \quad F_{R2}^{\star} = \frac{l_2^2 s + l_1^2 + l_0^2}{s\,(s+p_0)}; \quad F_{R3}^{\star} = \frac{l_2^3 s + l_1^3}{s\,(s+p_0)}; \quad F_{Rw}^{\star} = \frac{\beta_0^{\star}}{c_0^2}\frac{s+\varphi_0}{s\,(s+p_0)}$$

Da $\nu m = 6 > n$ ist, muß ein Koeffizient vorgegeben werden, hier: $l_2^1 = 0$. Als numerisch günstigste Variante [26] wurde für die Realisierung die *Beobachternormalform* gewählt. **Bild 6.5** zeigt die zugehörige Übertragungsstruktur.

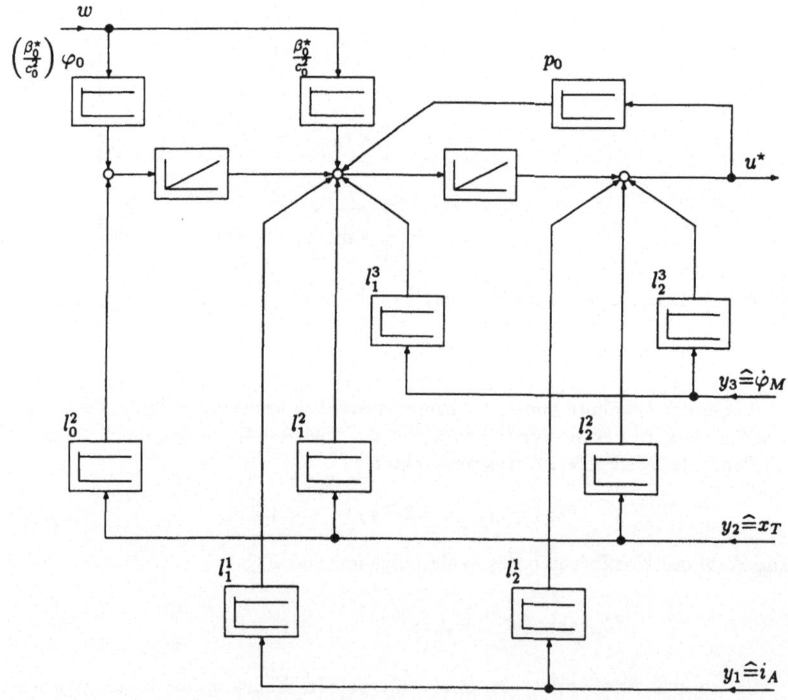

Bild 6.5: Übertragungsstruktur für die Zustandsregelung im Frequenzbereich

7 Berücksichtigung praktischer Randbedingungen

Dieser Abschnitt betrifft die Probleme, die bei der Umsetzung der mathematischen Beziehungen für Regler- und Beobachtergleichungen in die Praxis gelöst werden müssen. Insbesondere wird auf die Implementierung der Zustandsregelung auf dem Transputernetzwerk in Occam eingegangen.

7.1 Diskrete Streckenbeschreibung

Die Herleitung sämtlicher Beziehungen zur Synthese von Regler und Beobachter geschah in den vorangegangenen Abschnitten am *zeitkontinuierlichen* System. Die Implementierung der Regler- und Beobachtergleichungen erfolgt aber auf einem Mikroprozessorsystem, so daß real kein kontinuierliches System vorliegt sondern ein sampled-data system oder Abtastregelkreis, d. h. ein *zeitdiskretes* System. Diesem Umstand kann auf zwei Weisen Rechnung getragen werden:

- Auslegung des Regelkreises auf der Basis kontinuierlicher Systembeschreibung und anschließende Simulation des als sampled-data system beschriebenen Zustandsregelkreises am Digitalrechner unter Berücksichtigung der Abtastzeit.

- Diskretisierung der kontinuierlichen Streckenbeschreibung und Auslegung mit entsprechend angepaßten Entwurfsverfahren [1, 2].

Das Integralkriterium aus Gleichung

$$J = \sum_{k=0}^{\infty} e^{2\alpha k} \left(\underline{x}^T(k)\underline{\underline{Q}}\underline{x}(k) + u^T(k)\, r\, u(k) \right)$$

Die *Zustandsdifferenzengleichung* der Regelstrecke folgt mit der Abkürzung $k\,T_{ab} = k$ zu (siehe z. B. [17]):

$$\underline{x}(k+1) = \underline{\underline{A}}_d\underline{x}(k) + \underline{b}_d u(k)$$

Die Ausgangsgleichung ergibt sich einfach als

$$\underline{y}(k) = \underline{\underline{C}}\,\underline{x}(k)$$

Dabei sind

$$\underline{\underline{A}}_d = e^{\underline{\underline{A}}\,T_{ab}}$$

und

$$\underline{b}_d = \int_0^{T_{ab}} e^{\underline{\underline{A}}(T_{ab}-v)}dv \cdot \underline{b}$$

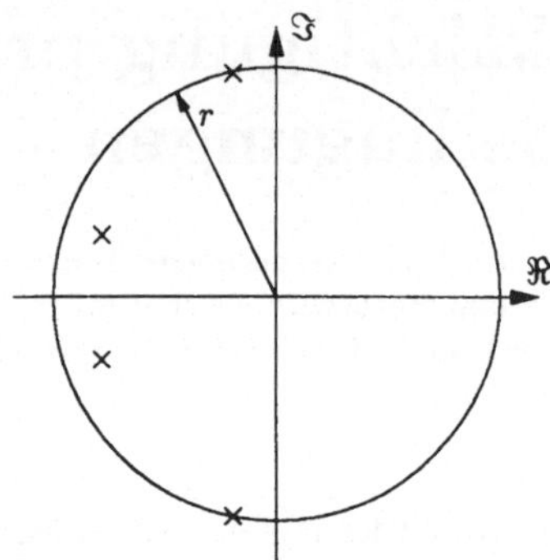

Bild 7.1: Zur Wahl der Abtastzeit bei gegebener Polverteilung der Regelstrecke

Für die Eigenwerte des kontinuierlichen und des diskretisierten Systems gilt die Korrespondenz:

$$z_i = e^{s_i T_{ab}}$$

7.2　Wahl der Abtastzeit

Die Abtastzeit des (geregelten) Systems ist einstellbar über die Taktzeit des verwendeten interferometrischen Lasermeßsystems. Dessen maximale Abtastfrequenz selbst liegt bei 4,1 kHz [52, 53]. Die maximale Abtastrate wird durch die Belastbarkeit der 8086-CPU auf der frontend Karte, bzw. der zentralen Transputerhardware bestimmt.

[29] gibt für eine vorgebene Polverteilung der Regelstrecke (**Bild 7.1**) eine günstige Wahl der Abtastzeit an zu

$$T_{ab} = \frac{1}{r}$$

Im konkreten Fall folgt für das Vorschubsystem mit angestellter Lagerung $r = 900\,\mathrm{rad/s}$ und damit

$$T_{ab} = \frac{1}{900} \approx 1,1\,\mathrm{ms}$$

ACKERMANN [1] bestimmt die Abtastzeit aus Steuerbarkeitsüberlegungen zu

$$T_{ab} = \frac{\pi}{4r} \approx 0,87\,\mathrm{ms}$$

Gewählt wurde für die experimentellen Untersuchungen eine Abtastrate von 1 ms.

7.3 Quantisierungseffekte

Quantisierungseffekte treten bei der Umwandlung einer analogen Größe in eine Digitalzahl und im umgekehrten Fall auf. Für das betrachtete System bestehen Quantisierungen auf der

- Eingangsseite

    - bei der Wandlung der analogen Systemgrößen Ankerstrom und Motordrehzahl in digitale Signale sowie

    - bei der Erfassung der Schlittenposition mit Hilfe des laserinterferometrischen Meßsystems.

- Auf der Ausgangsseite ist der

    - Sollwert der einzustellenden Ankerspannung betroffen.

Die Schlittenposition x wird dabei mit der *optischen* Auflösung des Lasermeßsystems von $0,158\,\mu$m entsprechend $\lambda/4$ bei konventioneller Anordnung der optischen Komponenten mit

- feststehendem Laserkopf und Interferometer sowie

- verschieblichem Tripelreflektor

erfaßt und in 5 Byte (mit Vorzeichen) verpackt. Die Arbeitsweise des Lasermeßsystems in Verbindung mit dem gewählten optischem Aufbau bestimmt dabei die Quantisierung, die hier mit $0,158\,\mu$m vernachlässigbar klein ausfällt [24].

Die Quantisierungsfehler bei der Erfassung von Ankerstrom und Motordrehzahl sowie durch Umsetzung der Stellgröße in Ansteuersignale für den jeweiligen Steuersatz sind in **Tabelle 7.1** zusammengestellt. Der Term „Vollansteuerung" kennzeichnet den maximalen Eingangspegel am A/D-Umsetzer (5 V). Die interne Darstellung der Daten erfolgt jeweils im real32 Format der Transputer. Damit ist eine völlig ausreichende Genauigkeit gewährleistet.

7.4 Anpassung der Motorkennlinien

Der Reglerentwurf basiert auf der Annahme einer linearen Regelstrecke, d. h. theoretisch wird von einem linearen Zusammenhang (im stationären Fall) zwischen berechneter Stellgröße (= Ankerspannungssollwert) und resultierender Motordrehzahl n ($\widehat{=}$ Vorschubgeschwindigkeit) ausgegangen. Diese Voraussetzung ist am realen System aus folgenden Gründen i. allg. nicht gewährleistet:

- Nichtlineare Kennlinie des Leistungsteils, hier speziell des pulsbreitenmodulierten Transistorstellers (Unempfindlichkeitszone um den Nullpunkt).

Systemgröße	konventioneller Gleichstrommotor	bürstenloser Gleichstrommotor
Ankerstrom bei Vollansteuerung	30 A	130 A
Quantisierung	15 mA	63 mA
Motordrehzahl bei Vollansteuerung	2000 min^{-1}	3000 min^{-1}
Quantisierung	1 min^{-1}	1,6 min^{-1}
max. Ankerspannung	230 V	200 V
Quantisierung	70 mV	65 mV

Tabelle 7.1: Zusammenstellung der Quantisierungsfehler; Vollansteuerung entspricht dabei dem maximalem Eingangspegel am A/D-Umsetzer (5 V)

- Reibung im mechanischen Übertragungssystem. Am betrachteten Antrieb vor allem bedingt durch

    - die hohe Vorspannung der Spindellagerung, der Spindelmutter und der Zahnriemenstufe sowie

    - die Verwendung hydrodynamischer Gleitführungen.

Abhilfe bietet die entsprechende Anpassung der theoretisch linear vorausgesetzten Kennlinien an das reale Systemverhalten. Dies entspricht dem Versuch einer weitgehenden Linearisierung der Antriebe.

Die **Bilder 7.2** und **7.3** zeigen die gemessenen und die angenäherten Kennlinien beider Antriebskonstellationen für *kleine* Stellgrößen: ±9 % beim konventionellen Antrieb; ±1 % beim bürstenlosen Gleichstrommotor. Dieser Bereich wird im folgenden kurz als Zone I bezeichnet. Für den gesamten Stellbereich beider Antriebe gilt das Diagramm in **Bild 7.4**. Die Kennlinienanpassung arbeitet dabei *abschnittsweise* in mehreren Bereichen:

- Zone I, die den wichtigen Bereich ($\rightarrow$ exakte Positionierung) kleiner Stellgrößen abdeckt, wird beim konventionellen Antrieb mit einem Polynom 5. Ordnung approximiert; mit einem Polynom 7. Ordnung beim bürstenlosen Antrieb.

- Außerhalb dieser Zone wird mit spezifisch angepaßten Geradenabschnitten für den negativen und den positiven Stellbereich gearbeitet. Diese Bereiche sind im Normalfall nur für Anfahrvorgänge bzw. das Verfahren entlang vorgegebener Rampenfunktionen für den Lagesollwert von Bedeutung. Beim hochgenauen Positionieren treten nur Stellgrößen mit kleineren Amplituden auf ($\rightarrow$ Zone I).

Während die Anpassung für den konventionellen Gleichstrommotor kaum Schwierigkeiten bereitet, ergibt sich für den bürstenlosen Vorschubmotor das Problem einer mehr als 10%igen Totzone (bezogen auf Vollaussteuerung), in der bereits

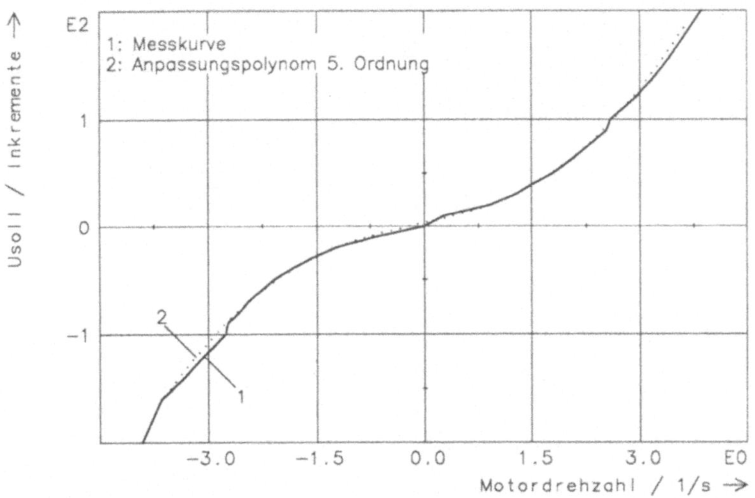

Bild 7.2: Gemessene Kennlinie (1) und Anpassung (2) am Vorschubantrieb mit angestellter Spindellagerung und konventionellem Gleichstrommotor im Bereich ±9 % des Stellbereichs (Zone I)

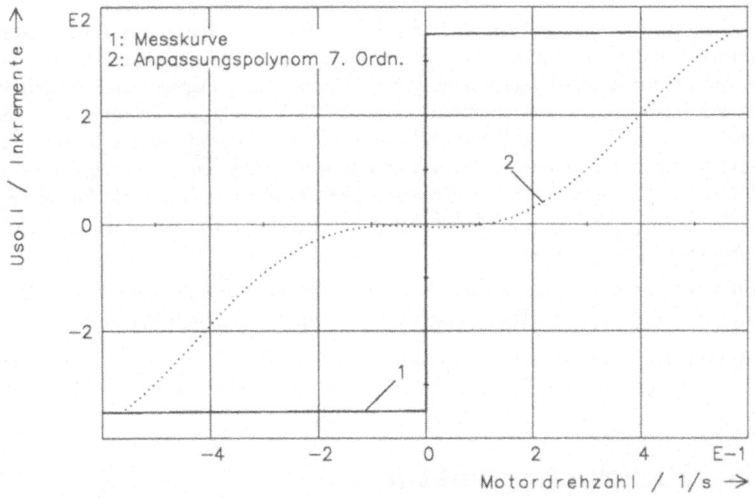

Bild 7.3: Gemessene Kennlinie (1) und Anpassung (2) am Vorschubantrieb mit angestellter Spindellagerung und bürstenlosem Gleichstrommotor im Bereich ±1 % des Stellbereichs (Zone I)

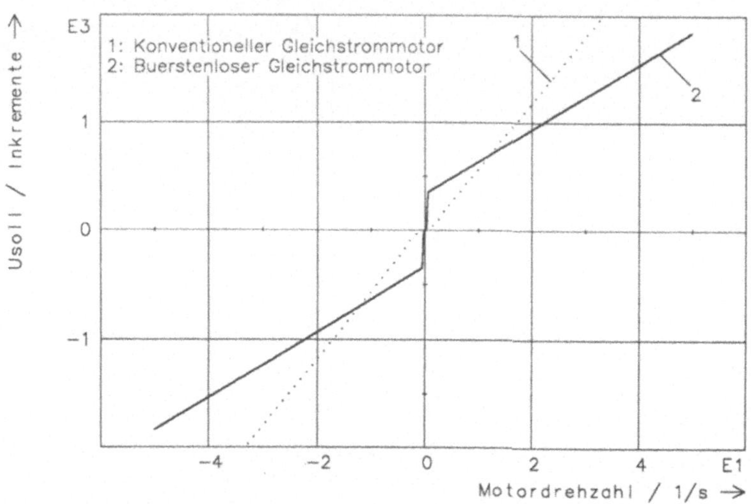

Bild 7.4: Gesamter angepaßter Stellbereich für die beiden Antriebe; konventioneller Gleichstrommotor (1) und bürstenloser Gleichstrommotor (2)

Ströme von ca. ± 8 A auftreten: Folge der wesentlich niedrigeren Drehmomentkonstante K_T des Motors gegenüber seinem konventionellen Pendant: $K_T = 0,54$ Nm/A $\Longleftrightarrow K_T = 0,8$ Nm/A. **Bild 7.5** zeigt u. a. den gemessenen Ankerstromverlauf des bürstenlosen Gleichstrommotors beim Losbrechen des Schlittens. Der Motor wurde dabei digital angesteuert. Erst ab einer ausgegebenen Stellgröße von 352 Inkrementen, das entspricht ungefähr 11% des Maximalwertes, fällt der Ankerstrom rapide ab: Der Schlitten fängt an sich zu bewegen. Bis zu diesem Zeitpunkt fließen beim stehenden Antrieb bereits vergleichsweise hohe Ruheströme in der Größenordnung von ± 8 A, wie bereits oben angedeutet. Durch die Gestaltung des Polynoms 7. Ordnung in diesem kritischen Bereich wird dem Motor gewissermaßen eine „Ruhezone" angepaßt.

Bild 7.6 demonstriert die Verhältnisse für den konventionellen Antrieb. Das Verhalten des Motors ist deutlich ruhiger als bei dem bürstenlosen Pendant.

Insgesamt kann die beschriebene Kennlinienanpassung für die beiden Antrieben auch als Möglichkeit der *Reibungskompensation* interpretiert werden.

7.5   Programmstruktur

Die Umsetzung der Randbedingungen erfolgt in der Programmiersprache Occam im Rahmen der Systemregelung auf dem Transputernetzwerk, vgl. Kapitel 2. **Bild 7.7** zeigt den prinzipiellen Programmablauf zur Durchführung einer digitalen Zustandsregelung. Nachdem das Netzwerk — hier die Transputerkarte — von der

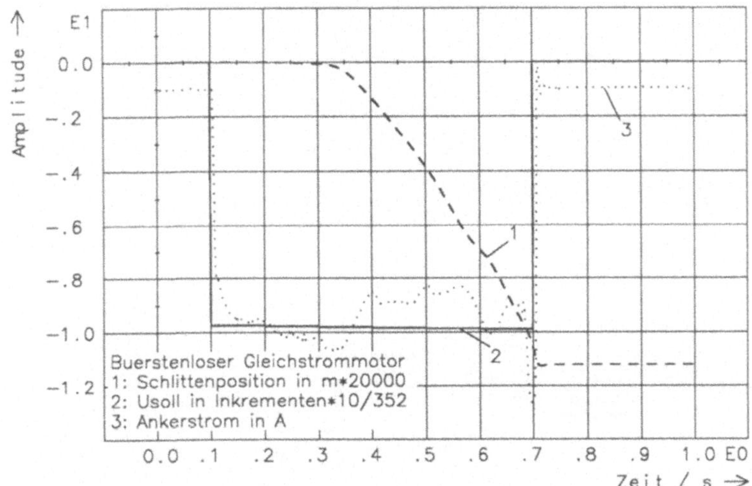

Bild 7.5: Gemessener Verlauf des Ankerstroms (3) und der Schlittenposition (1) für den bürstenlosen Antrieb beim Losbrechen des Schlittens; Digitale Ansteuerung des Gleichstrommotors, Verlauf der inkrementalen Stellgröße Usoll mit abgegeben (2)

TEK 4/8 aus geladen und somit gestartet wurde, beginnen beide Transputer mit der Programmabarbeitung. Dabei kommuniziert der Root-Transputer mit dem zweiten Transputer, der Meßwerterfassungsplatine und über die TEK 4/8 mit der CPU des Host-Rechners. Der Name Root-Transputer oder „Master" leitet sich aus der Tatsache ab, daß über ihn die Transputerkarte gebootet und der Objectcode für das gesamte Netzwerk eingeladen wird.

Dem Root-Transputer kommen dabei sämtliche Datenverwaltungsaufgaben sowie die Kommunikation mit der „Außenwelt" zu. Der zweite Transputer, auch „Slave" genannt, arbeitet ausschließlich den Regelungsalgorithmus ab.

Die skizzierte Aufgabenverteilung erfolgt im Konfigurationsabschnitt des Occam-Programms DCONTROL. Dabei wird jedem Transputer eine sog. *SC-Unit* (SC = Single Compile) zugewiesen, die aus einer Folge von Befehlen besteht. Darüberhinaus enthält das Programm natürlich die beiden SC-Units selbst sowie Kanalvereinbarungen. Ferner wird mit dem PLACE AT-Kommando dafür gesorgt, daß jedem Kanal, der über ein Link führt, eine Adresse im Speicherbereich zugewiesen wird, die mit dem Layout des Transputerboards übereinstimmt.

SC REGELUNGSALGORITHMUS

Diese Prozedur ist die einzige Komponente innerhalb von DCONTROL, die zur Erprobung unterschiedlicher Regelungskonzepte neu implementiert werden muß. Sie besteht aus der

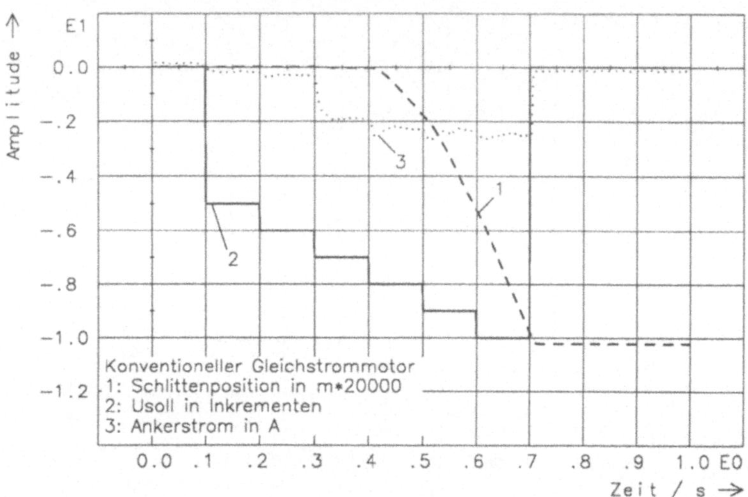

Bild 7.6: Gemessener Verlauf des Ankerstroms (3) und der Schlittenposition (1)
für den konventionellen Antrieb beim Losbrechen des Schlittens; Digitale Ansteuerung des Gleichstrommotors, Verlauf der inkrementalen
Stellgröße Usoll mit abgegeben (2)

- Vereinbarung der verwendeten Variablen,

- den Ein- und Ausgabesequenzen, um

    - aktuelle Werte (Ankerstrom, Motordrehzahl, Schlittenposition) von
      SC RAHMENPROGRAMM zu erhalten bzw.

    - die neu berechnete Stellgröße (= *theoretischer* Sollwert der Ankerspannung für den Vorschubmotor) und eventuell

    - weitere, interne Größen zurückzusenden, sowie

- dem eigentlichen Algorithmus für den jeweiligen Zustandsregler mit Beobachter.

SC RAHMENPROGRAMM

Der Block │ **Kommunikation mit Host** │ umfaßt die Funktionen:

- **Bildschirmaufbau** und

- **Optionen abfragen** (Einlesen der Regelungsdauer, signalspezifische Daten für
  die Führungsgrößenerzeugung).

Unter dem Begriff $\boxed{\text{Initialisierung}}$ ist die Definition und Vorbelegung benötigter Variablen und Konstanten zusammengefaßt.

Die SC-Unit RAHMENPROGRAMM enthält drei von einem Transputer nach außen hin scheinbar parallel verarbeitete Hauptprozeduren, vgl. **Bild 7.7** :

- Prozedur $\boxed{\text{VERWALTUNG}}$ zur Aufbereitung der von der frontend Karte (vgl. Kapitel 2) gelieferten Daten, die Information über die aktuellen Systemzustände Ankerstrom i_A, Motordrehzahl n und Schlittenposition x. Darüberhinaus wird ein Diagnosedatum übertragen.

- Prozedur $\boxed{\text{LAGESOLLWERT.ERZEUGEN}}$ zur Generierung beliebiger Systemanregungen (Sprung, Rampe, Sinus, etc.).

- Prozedur $\boxed{\text{USOLL.PUFFERN}}$ zur Zwischenspeicherung des Ankerspannungssollwertes: Damit wird gewährleistet, daß Prozedur $\boxed{\text{VERWALTUNG}}$ bzw. SC REGELUNGSALGORITHMUS nicht blockiert sind, solange die frontend Karte den Interrupt zum Einlesen der Stellgröße noch nicht ausgeführt hat.

Während der aktiven Regelung wird immer eine vollständige Datentabelle (**Tabelle 7.2**) durch die Prozedur $\boxed{\text{VERWALTUNG}}$ von der frontend Karte eingelesen und anschließend verarbeitet. D. h. es werden unter Berücksichtigung des Vorzeichens den Systemgrößen Ankerstrom i_A, Motordrehzahl n und Schlittenposition x entsprechende Dezimalzahlen erzeugt. In dieser Phase erfolgt nach geeigneten Strategien auch die Überprüfung der empfangenen Information auf physikalische Plausibilität, so daß Ausreißer erkannt und eventuell korrigiert werden können.

Sobald ein Tabellenwert für die SC REGELUNGSALGORITHMUS aufbereitet und freigegeben ist, wird er auf den Slave-Transputer übertragen. Nach Erhalt aller notwendigen Systemzustände zuzüglich des aktuellen Lagesollwertes bestimmt SC REGELUNGSALGORITHMUS den neuen Wert für die einzustellende Ankerspannung $U_{A,soll}$. Dieser wird dann in der Prozedur $\boxed{\text{USOLL.PUFFERN}}$ zwischengespeichert und nach Passieren der *Kennlinienanpassung* für den jeweiligen Vorschubantrieb sowie diversen Sicherheitsabfragen (Stellgrößenbegrenzung zum Schutz der Leistungsbaugruppe; Plausibilität) von dort an die frontend Karte ausgegeben. Deren integrierter Steuersatz übernimmt die Aufbereitung des Ankerspannungssollwertes in Ansteuersignale für die zugeordnete Leistungsbaugruppe.

Nach Beendigung der Regelung durch Ablauf einer vom Benutzer festgelegten Zeitdauer erfolgt die Ausgabe des Ankerspannungssollwerts $U_{A,soll} = 0$ mit Hilfe der Funktion $\boxed{\text{Antrieb abschalten}}$. Die anschließende $\boxed{\text{Archivierung}}$ dient dem Abspeichern benutzerorientierter Systemgrößen, die in entsprechenden Arrays festgehalten sind: z. B. die Schlittenposition x, der Ankerstrom i_A, die Motordrehzahl n sowie regelungsspezifische interne Zustandsvariablen. Das Programm endet nach der ordnungsgemäßen Terminierung der Prozesse.

Die Leistungsfähigkeit von Transputern zur Lösung der Echtzeitaufgabe „Digitale Zustandsregelung elektrischer Vorschubantriebe" wurde in [13] mit einer single chip Konfiguration und T414 Prozessor auf der Grundlage einer *starren* Systemmodellierung (vgl. Abschnitt 3.1) demonstriert.

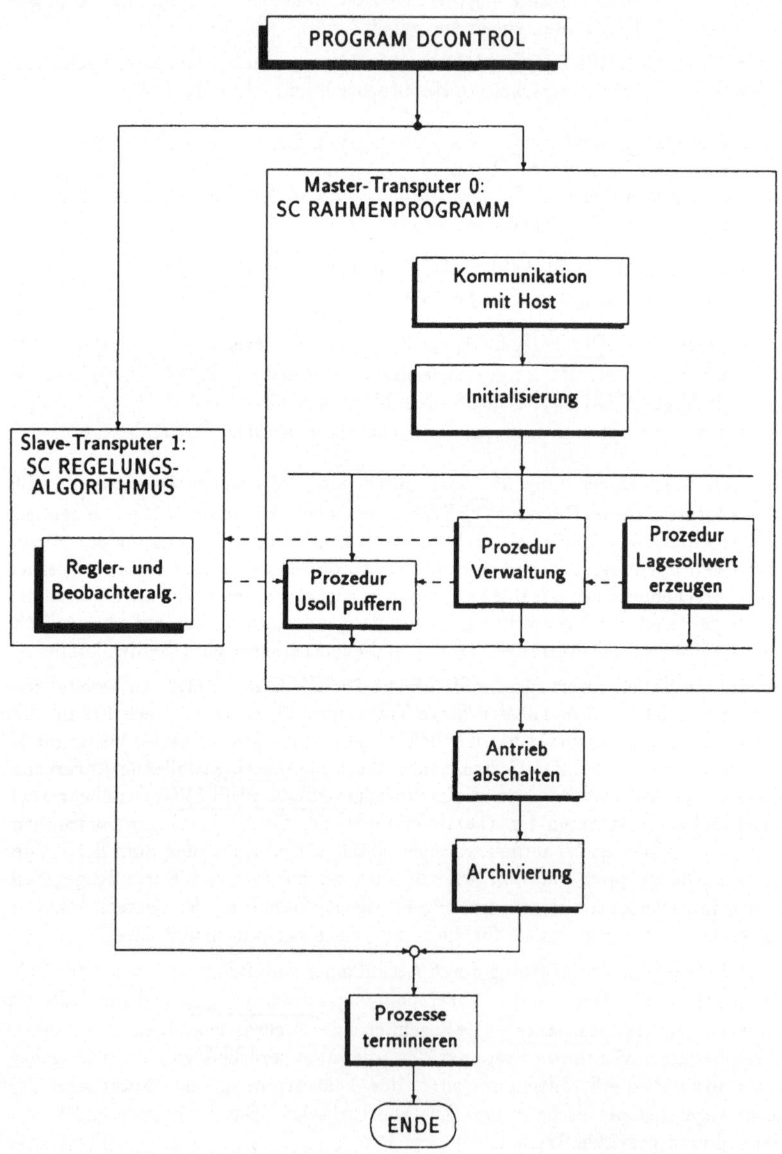

Bild 7.7: Vereinfachter Ablaufplan der digitalen Zustandsregelung

Anzahl der Bytes	Information	Anmerkungen
5	Schlittenposition x	Sortierprozeß auf 8086-Karte
2	Ankerstrom i_A	
2	Motordrehzahl n	
1	Fehlerbyte	Diagnosefunktion

Tabelle 7.2: Übertragene Datentabelle von der frontend Karte an das Transputernetzwerk

8 Digitale Simulation

Ausschlaggebend für die erfolgreiche Realisierung einer digitalen Zustandsregelung, insbes. bei Verwendung (komplexer) Beobachterstrukturen, ist die Güte des Modells der Regelstrecke, hier des gekoppelten Hybridsystems aus

- Vorschubmotor mit Leistungsbaugruppe und der Gesamtheit der

- mechanischen Übertragungskomponenten im Antriebsstrang.

In Abschnitt 3 wurde eine Reihe unterschiedlich aufwendiger und genauer Methoden vorgestellt, mit denen die Aufstellung mathematischer Ersatzmodelle für die komplette zu regelnde Strecke erfolgen kann. Aus dem mathematischen Modell wird ein Rechnermodell erstellt, das zur digitalen Berechnung, d. h. Simulation des Originalsystems dient. **Bild 8.1** verdeutlicht das Zusammenspiel der verschiedenen Ebenen bei der Simulationsuntersuchung. Das mathematische Modell ermöglicht die analytische Betrachtung des realen Systems. Das Modellverhalten wird mit dem Verhalten der Originalstruktur verglichen und zur besseren Übereinstimmung entsprechend korrigiert. Dazu müssen analytische Überlegungen zur Physik des Modells angestellt werden, deren Verifikation über den oben genannten Weg erfolgt. Insgesamt entsteht auf diese Weise eine mathematische Nachbildung, die nach Bedarf um wesentliche Systemeigenschaften erweitert und um unwesentliche reduziert werden kann. Die Modellbildung ergibt sich also aus der Kombination von theoretischer und experimenteller Identifikation. Letztere ist nur möglich im Rahmen der realisierbaren Meßmethoden durchzuführen und daher in der Praxis eingeschränkt.

Dabei ist klar zu unterscheiden zwischen dem

- **Entwurfsmodell** zur Auslegung des Zustandsreglers und dem

- reinen **Rechenmodell** zur möglichst guten, d. h. statisch und vor allem dynamisch genauen Wiedergabe des realen Systemverhaltens.

Während die Modelle M1 und M2 auf Grund ihrer Systemordnung im Zustandsraum (M1: $n = 3$; M2: $n = 5$) direkt als Entwurfsmodell für die Reglersynthese Verwendung finden können, mußte bei den komplexen mathematischen Beschreibungen des Vorschubantriebs mit vergleichsweise vielen Freiheitsgraden (M3: Systemordnung im Zustandsraum $n = 43$; M4: $n = 505$) erst ein geeignetes Entwurfsmodell niedriger Ordnung ($n = 5$) über den Weg der modalen Ordnungsreduktion erzeugt werden.

Im folgenden wird auf die Aspekte der Regelkreissimulation auf der Basis der Entwurfsmodelle näher eingegangen. Die Synthese von Regler und Beobachter

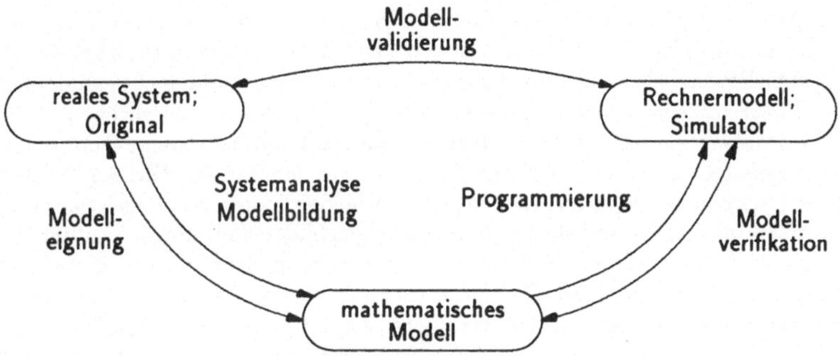

Bild 8.1: Zusammenspiel der verschiedenen Ebenen bei der Simulationsuntersuchung (nach [65])

wurde dabei sowohl im Zeitbereich als auch im Frequenzbereich mit Hilfe eigener Dienstprogramme (Fortran77, Pascal) sowie insbesondere unter Verwendung von Modulen aus der RASP-Bibliothek durchgeführt (Fortran77) [22]. Die Implementierung von RASP am Großrechner (Cyber 995-180 unter NOS/VE) arbeitete mit single precision, entsprechend einer Maschinenkonstante $\varepsilon \approx 10^{-14}$. Auf Grund der einfachen Portabilität wurde parallel mit einer PC-Version auf einer 80286/87 Maschine unter MS-DOS mit einem RM Fortran77 Compiler getestet. Hier allerdings ausschließlich in double precision. Die Maschinenkonstante ε liegt dann bei $\varepsilon \approx 10^{-22}$. Wegen der niedrigen Systemordnung $n \leq 8$ bei der Regelkreissynthese bestanden weder hinsichtlich Rechengeschwindigkeit noch Genauigkeit keinerlei Vorteile der Großrechneranlage gegenüber dem Arbeitsplatzrechner (Ausnahme: Die Fortran Programmentwicklung am PC unter MS-DOS ist immer mit hohen Compilerzeiten verbunden).

Die verwendeten Lösungsalgorithmen der diskreten Matrix-Riccati-Gleichung waren dabei [22]:

- ENGLER-KALMAN,

- KLEINMAN-ARMSTRONG,

- LAUB.

Dabei erwies sich das Verfahren von LAUB als das numerisch stabilste.

Zum Lösen der *Ljapunov*-Geichung für den zeitdiskreten Beobachterentwurf wurden alternativ die Verfahren von

- SMITH und

- BARTELS & STEWART

verwendet [22]. Signifikante Unterschiede konnten hier im Gegensatz zu den Riccati-Lösern nicht festgestellt werden.

Die Analyse der Zustandsregelkreise im Zeit- wie Frequenzbereich erfolgte wiederum mit RASP, eigenen Dienstroutinen sowie dem Programm DAREP [43, 76]. Bei DAREP handelt es sich um ein Simulationsprogramm, mit dem besonders gut die *Zeitbereichssimulation* linearer wie nichtlinearer, zeitkontinuierlicher und zeitdiskreter sowie speziell in dieser Arbeit verwendeter hybrider Systeme (kontinuierliche Regelstrecke, diskrete Reglergleichungen) durchführbar ist, **Bild 8.2**. Schnittstelle zwischen den kontinuierlichen Differentialgleichungen der Regelstrecke und den diskreten Regler- und Beobachtergleichungen bildet ein Halteglied nullter Ordnung (ZOH-Glied). Die Programmierung geschieht in einer eigenen, Fortran orientierten Metasprache. Das Einbinden externer Fortranmodule, z. B. für weitere Integrationsroutinen oder die Datenaufbereitung für graphische Darstellungen mit DAREP-unabhängiger Graphiksoftware, ist in einfacher Weise möglich. Die Implementierung erfolgte ausschließlich am Großrechner Cyber 995-180 unter NOS/VE.

Folgende Annahme über das reale Prozeßverhalten liegt der digitalen Simulation eines Abtastregelkreises mit dem Programm DAREP zugrunde:

- Die Taktzeiten des Meßtaktes (**MT** in **Bild 8.2**) fallen mit den Taktzeiten des Steuertaktes (**ST** in **Bild 8.2**) zusammen (synchrone Abtastung). Damit geht ein Meßergebnis auf Grund der endlichen Reglerarbeitszeit erst im nächsten Zyklus in die berechnete Steuergröße u ein. Für die Reglertotzeit T_R gilt daher:

$$T_R = T_{ab} = 1\,\text{ms}$$

Bei der digitalen Simulation eines Abtastregelkreises wird also vom „worst case" ausgegangen, denn im realen Regelungsprozeß ist die tatsächlich auftretende Reglertotzeit T_R geringer, da die interruptgesteuerte frontend Karte zu jedem Zeitpunkt die Stellgrößenausgabe durch das Transputernetzwerk erlaubt. Der tatsächliche Wert von T_R hängt in der Praxis

- neben der Grundlast des Transputernetzwerkes (Verwaltungsaufgaben, Sicherheitsabfragen) hauptsächlich vom verwendeten Regelalgorithmus ab sowie von der

- Lastsituation des 8086-Prozessors auf der jeweiligen frontend Karte.

Für die numerische Integration der kontinuierlichen Strecke wurde aus einer Reihe von Methoden das Runge-Kutta-Merson Verfahren (RKM) gewählt [43, 76]. Die Integrationsroutine arbeitet mit variabler Schrittweite und bietet einen sehr guten Kompromiß aus Rechengenauigkeit und Rechenzeit.

Bei der Umsetzung der kontinuierlichen Reglerdarstellung für das *Frequenzbereichsverfahren* (Abschnitt 6.4) in die diskrete Darstellung wurde in dieser Arbeit immer der direkte Übergang vorgenommen mit [38]:

$$s \longrightarrow \frac{z-1}{T_{ab}}$$

Auf die exakte, d. h. zeitdiskrete Beschreibung der Reglergleichungen unter Berücksichtigung der Reglertotzeit T_R wurde aus folgenden Gründen verzichtet:

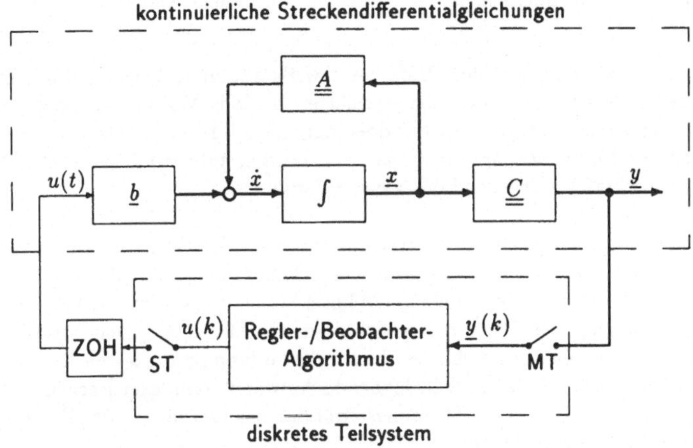

Bild 8.2: Strukturbild eines Abtastregelkreises (sampled-data system) zur Simulation mit dem Programm DAREP; ST: Takt der Steuergröße; MT: Meßtakt; ZOH: Zero Order Hold

1. Der theoretische Vergleich des völlig *kontinuierlich* geregelten Systems brachte gegenüber dem als Abtastregelkreis formulierten System keine signifikanten Unterschiede zutage.

2. Der experimentelle Vergleich gemessener und berechneter Übergangsvorgänge (Abschnitt 9) rechtfertigt ebenfalls die Zulässigkeit der genannten Approximation.

3. Zusätzlicher Aufwand beim Diskretisieren der Reglergleichungen entfällt.

Der I-Anteil im Regler wurde bei den Zeitbereichsentwürfen für die digitale Simulation mit DAREP und für die praktische Realisierung in gleicher Weise approximiert wie die Reglerstruktur beim Frequenzbereichsverfahren.

Die Beobachter im Zeitbereich wurden hingegen immer *diskret* ausgelegt.

Der Vorteil der Zeitbereichssimulation des als sampled-data system beschriebenen Zustandsregelkreises besteht u. a. darin, daß die diskret zu programmierenden Gleichungen, von syntaktischen Änderungen abgesehen, direkt für die Eingabe in Occam Verwendung finden können.

Generell sind für die Simulation der Regelkreise, die als sampled-data system formuliert wurden, folgende Aussagen gültig:

1. Kein erkennbarer Einfluß der Beobachterpole auf das Übergangsverhalten des geregelten Systems, weder im Zeitbereich noch bei Entwürfen im Frequenzbereich. Auch nicht bei Anwesenheit von praxisrelevanten Störprozessen wie

z. B. einer sprungförmigen und/oder sinusförmigen[1] Änderung der Vorschubkraft.

2. Die Regelkreise auf der Basis der jeweils zugrundeliegenden Entwurfsmodelle M2 sowie der ordnungsreduzierten Modelle M3 und M4 zeigen in der Simulation unter gleichen Randbedingungen (Führungsgrößensprung 1 mm, mit und ohne sprungförmig bzw. sinusförmig aufgeschaltete Vorschubkraft = Störkraft) weitgehend das gleiche Verhalten.

Die Ergebnisse der digitalen Regelkreissimulation rechtfertigen den hohen Aufwand an komplexer mathematisch-physikalischer Beschreibung und die anschließende Ordnungsreduktion bei den Modellen M3 und M4 zunächst nicht. Erst beim Übertragen der Regler- und Beobachtergleichungen auf das reale Vorschubsystem zeigt sich im Experiment der erhebliche Vorteil der ordnungsreduzierten Entwurfsmodelle und damit der in jedem Fall lohnende Aufwand komplexer Rechenmodellgenerierung mit anschließender Ordnungsreduktion zur Gewinnung des Entwurfsmodelles für die Reglerauslegung.

---

[1]z. B. mit der Zahneintrittsfrequenz eines Messerkopffräsers

9 Experimentelle Ergebnisse

Tabelle 9.1 zeigt die durchgeführten Variationen am realen System. Die Kurzzeichen kennzeichnen dabei die folgenden untersuchten Konstellationen der Mechanik und der elektrischen Stellglieder, bzw. die Entwurfsmöglichkeiten von Regler und Beobachter:

- $\boxed{\text{AL}}$: Angestellte Lagerung der Kugelgewindespindel.

- $\boxed{\text{FL}}$: Fest-Loslagerung.

- $\boxed{\text{A}}$: Konventioneller, bürstenbehafteter Gleichstrommotor.

- $\boxed{\text{B}}$: Bürstenloser Gleichstrommotor.

- $\boxed{\text{R}\rightarrow\text{P}}$: Entwurf eines Riccati-Reglers mit Stabilitätsgradvorgabe im Zeitbereich am diskreten Streckenmodell. Die Pole des Regelkreises werden beim anschließenden Reglerentwurf im Frequenzbereich vorgegeben, vgl. $\boxed{\text{FB1}}$.

- $\boxed{\text{P}}$: Reglerentwurf nach einem Polvorgabeverfahren im Zeitbereich an der kontinuierlichen Regelstrecke.

- $\boxed{\text{B2}}$: Reduzierter Beobachter im Zeitbereich auf der Basis des diskreten Systems.

- $\boxed{\text{B1}}$: Beobachter für ein lineares Funktional (minimale Beobachterordnung) im Zeitbereich auf der Basis des kontinuierlichen Systems.

- $\boxed{\text{FB1}}$: Impliziter Beobachter für lineare Funktionale. Integrierter Entwurf im Frequenzbereich zusammen mit dem Regler; Polvorgabe aus $\boxed{\text{R}\rightarrow\text{P}}$.

9.1 Vorschubantrieb mit angestellter Spindellagerung

Die Versuche berücksichtigen die in Kapitel 3 vorgestellten Antriebskonzepte:

- Motor A: konventioneller Gleichstrommotor,

- Motor B: bürstenloser Gleichstrommotor.

Das mechanische Übertragungssystem zeichnet sich zunächst durch die *angestellte* Lagerung der Kugelgewindespindel aus: O-Anordnung mit auf Zug vorgespannter Spindel. Dieses Lagerungskonzept gewährleistet die maximal mögliche Steifigkeit. Allerdings ist diese Variante auch mit dem größten Reibungsanteil behaftet.

Variation	Mechanik		Stellglied		Abschnitt	Reglertyp	Beobachter
	AL	FL	B	A			
Vgl. Theorie — Messung, Stabilitätsgrad α	×			×	9.1.1	R→P	FB1
Beobachterpole	×			×	9.1.2.1	R→P	B1
Beobachter	×			×	9.1.2.2	R→P	FB1,B2,B1
Streckenmodell	×			×	9.1.3	R→P	FB1
Dämpfung im FE-Mod.	×			×	9.1.4	R→P	FB1
Stellglied	×		×	×	9.1.5	R→P	FB1
Spindellagerung		×	×		9.2	R→P	FB1
Reglerstruktur (Kaskade, linear)		×	×		9.3	P	B2
Reglerstruktur (Kaskade, nichtlinear)		×	×		9.3	P+R→P	B2+FB1

Tabelle 9.1: Übersicht zu den experimentellen Untersuchungen

9.1.1 Riccati-Regler mit Stabilitätsvorgabe

Die **Bilder 9.2**, **9.3** und **9.4** zeigen die gemessene und die berechnete Systemantwort (Schlittenposition, Ankerstrom, Motordrehzahl) im Zeitbereich bei einer sprungförmigen Lagesollwertänderung von 1 mm. Als Antrieb wurde hier der konventionelle Gleichstrommotor **A** eingesetzt. Der Entwurf des Reglers erfolgte zusammen mit dem Beobachter minimaler Ordnung für lineare Funktionale im Frequenzbereich anhand der um den I-Anteil erweiterten Regelstrecke. Die Beobachterordnung betrug demnach

$$n_B = \nu - 1 = 1$$

Dabei ist ν der Beobachtbarkeitsindex des Systems. **Bild 9.1** zeigt die realisierte Signalstruktur für den Regler, vgl. auch Abschnitt 8. Als Pole wurden für den Entwurf die Riccati-Pole des zeitdiskreten Reglerentwurfs bei zwei verschiedenen Stabilitätsgraden $\alpha = 20$ und $\alpha = 35$ gewählt. Der Beobachterpol wurde mit $s = -250$ festgelegt. Das physikalische Ersatzmodell der Regelstrecke basiert auf dem nach dem Verfahren von LITZ ordnungsreduzierten ($n_R = 5$) Ursprungssystem 43. Ordnung (M3).

Man erkennt die gute Übereinstimmung des Experiments mit der Simulation vor allem beim Verlauf der Regelgröße, d. h. der Schlittenpostion des Vorschubantriebs. Ein vorgebener Stabilitätsgrad α legt bekanntlich die Schnelligkeit des Übergangs von einem Systemzustand in den anderen fest. Als Maß für die dazu benötigte Zeit folgt:

$$t = \frac{\ln|2\alpha|}{\alpha}$$

Tabelle 9.2 zeigt die Zusammenstellung gemessener und berechneter Übergangszeiten sowie die jeweils dabei erreichte Schlittenpostion für eine sprungförmige La-

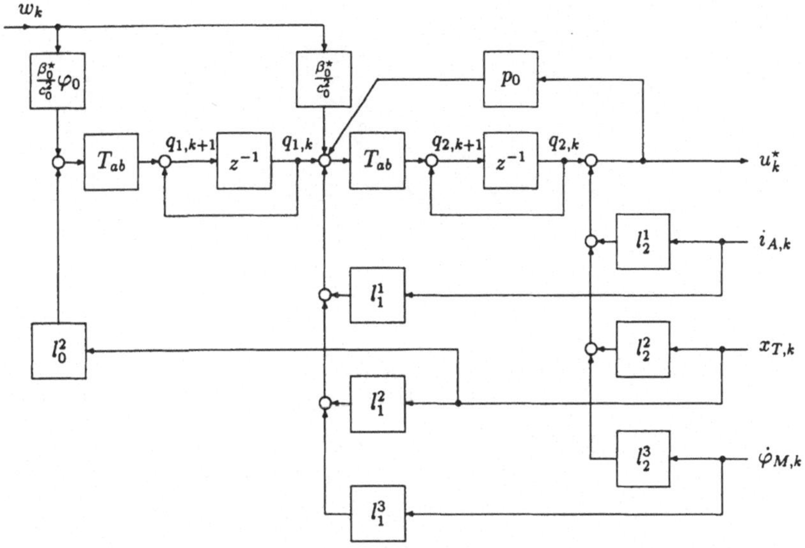

Bild 9.1: Realisierte Signalstruktur für den Reglerentwurf im Frequenzbereich
mit implizitem Beobachter für lineare Funktionale

gesollwertänderung von 1 mm. Die Simulation wurde anhand der Modellierung des
Regelkreises als sampled-data system mit DAREP [43, 76] durchgeführt. Die Pollagen des Riccati-optimierten Regelkreises sind in **Tabelle 9.3** zusammengefaßt.
Die Schnelligkeit des Übergangsverhaltens wird jeweils von dem betragskleinsten
negativ reellen Pol bestimmt. Das dem *mechanischen* Teilsystem zuzuordnende
konjugiert komplexe Polpaar ($s_{1,2} = -48,82 \pm j\,898,7$ für $\alpha = 20$) wird bei der
Riccati-Optimierung praktisch nicht verschoben. Sehr wohl aber das andere konjugiert komplexe Polpaar, welches das *elektrische* Teilsystem „Gleichstrommotor"
kennzeichnet. Hier findet mit zunehmendem Stabilitätsgrad eine sukzessive Pol-
verschiebung in etwa entlang der Winkelhalbierenden hin zu größeren ω statt.

In der Praxis besitzt dieser Reglerentwurf große Bedeutung, da der Stabilitätsgrad α die Übergangsgeschwindigkeit bzw. die Regelkreisverstärkung des Systems
festlegt. Diese Tatsache macht die Variante des Riccati-Reglers besonders für
Mehrachsregelungen von modernen Fertigungsanlagen interessant.

9.1.2 Vergleich der Regelungsentwürfe im Zeitbereich und Frequenzbereich

9.1.2.1 Beobachter für lineare Funktionale

Die Struktur des verwendeten Zeitbereichsreglers gibt **Bild 9.5** wieder. **Bild 9.6**

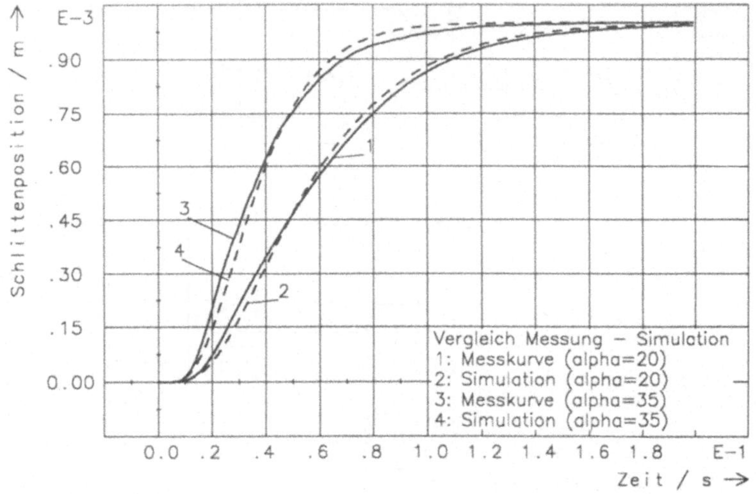

Bild 9.2: Gemessene (1,3) und berechnete Sprungantwort (2,4) für das ordnungsreduzierte Lagrange-Modell 43. Ordnung; Reglerentwurf im Frequenzbereich mit implizitem Beobachter für lineare Funktionale; Schlittenposition x

Stabilitätsgrad α	Übergangszeit t in ms	zugehörige Schlittenposition in mm	
	theoretisch	Simulation	Messung
20	184	0,994	0,989
25	156	0,996	0,983
30	136	0,997	0,988
35	121	0,998	0,989

Tabelle 9.2: Rechnerisch ermittelte und gemessene Schlittenpositionen bei un-
terschiedlichem Stabilitätsgrad α für eine sprungförmige Lagesollwertänderung von 1 mm

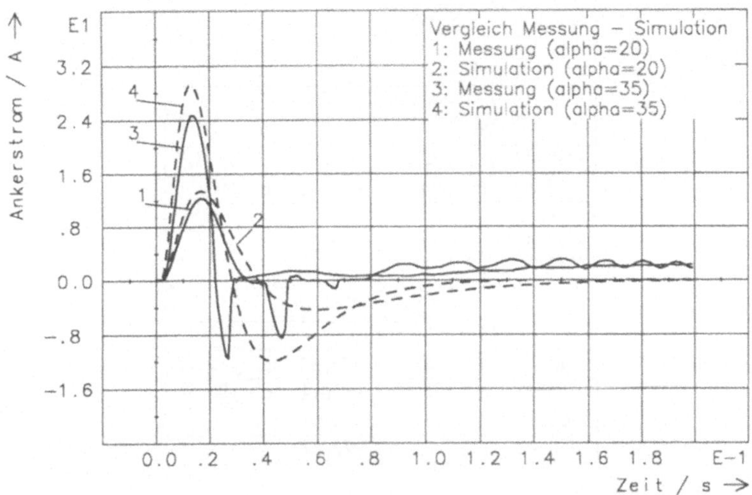

Bild 9.3: Gemessene (1,3) und berechnete Sprungantwort (2,4) für das ordnungsreduzierte Lagrange-Modell 43. Ordnung; Reglerentwurf im Frequenzbereich mit implizitem Beobachter für lineare Funktionale; Ankerstrom i_A

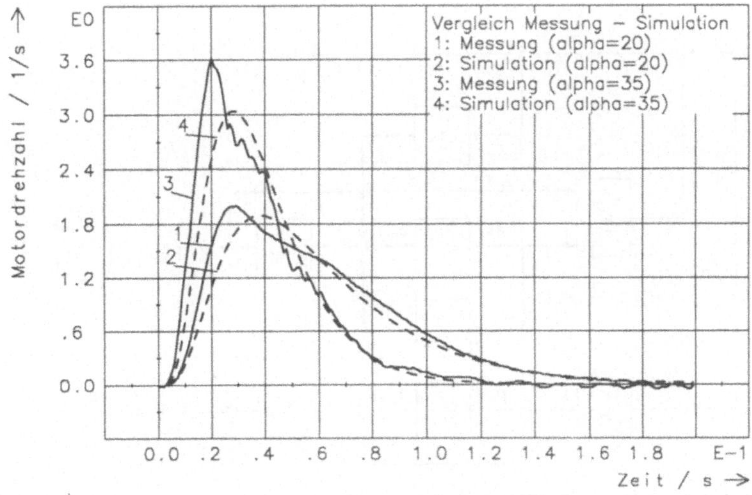

Bild 9.4: Gemessene (1,3) und berechnete Sprungantwort (2,4) für das ordnungsreduzierte Lagrange-Modell 43. Ordnung; Reglerentwurf im Frequenzbereich mit implizitem Beobachter für lineare Funktionale; Motordrehzahl n

Stabilitätsgrad α			
20		25	
$-48,82$	$\pm\ j898,7$	$-49,04$	$\pm\ j898,7$
$-99,36$	$\pm\ j95,17$	$-103,1$	$\pm\ j95,76$
$-41,12$		$-50,91$	
$-40,03$		$-50,02$	

Stabilitätsgrad α			
30		35	
$-49,31$	$\pm\ j898,7$	$-49,82$	$\pm\ j898,7$
$-106,3$	$\pm\ j95,95$	$-110,4$	$\pm\ j96,36$
$-60,76$		$-70,65$	
$-60,02$		$-70,01$	

Tabelle 9.3: Pollagen des Riccati-optimierten Systems; Regelstrecke formal um I-Anteil erweitert; Systemordnung $n = 6$

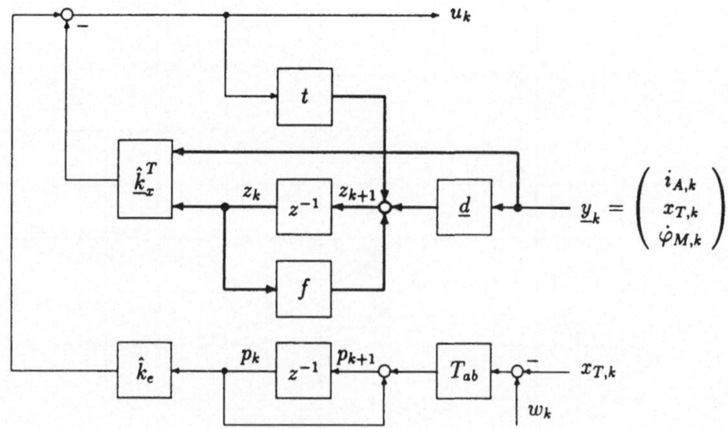

Bild 9.5: Struktur des Zustandsreglers im Zeitbereich mit minimalem Beobachter und integraler Ausgangsrückführung

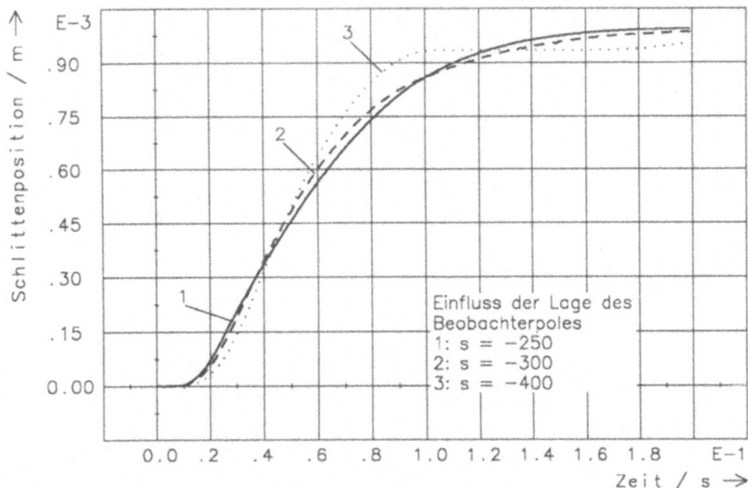

Bild 9.6: Sprungantwort für das ordnungsreduzierte Lagrange-Modell 43. Ordnung; Zeitbereichsentwurf von Regler (Riccati, diskrete Streckenbeschreibung, $\alpha = 20$) und Beobachter für lineare Funktionale; Schlittenposition x

zeigt die Sprungantwort des Systems mit konventionellem Gleichstrommotor und Streckenbeschreibung mit dem (ordnungsreduzierten) Modell M3. Der Regelungsentwurf (diskreter Riccati-Regler) wurde wieder im Zeitbereich an der diskreten und formal um den I-Anteil erweiterten Regelstrecke durchgeführt. Der Stabilitätsgrad beträgt $\alpha = 20$. Für den Beobachterentwurf wurde die Zeitbereichsvariante

- Beobachter minimaler Ordnung für lineare Funktionale

angesetzt. Die Beobachterordnung beträgt wiederum $n_B = \nu - 1 = 1$. Die Beobachterpole wurden mit

- $s = -250$,

- $s = -300$ und

- $s = -400$

variiert. In **Bild 9.6** ist deutlich der mit betragsmäßig zunehmenden Realteil des Beobachterpoles immer ungünstiger werdende Verlauf der Übergangsfunktion zu erkennen. Die *differenzierende* Wirkung schneller Beobachterpole, d. h. die Verstärkung höherfrequenter Signalanteile macht sich bei diesem Entwurf bereits bei $s = -400$ deutlich bemerkbar. Vergleicht man dagegen die gemessenen Kurven bei gleicher Beobachterstruktur (Beobachter für lineare Funktionale) und gleichen

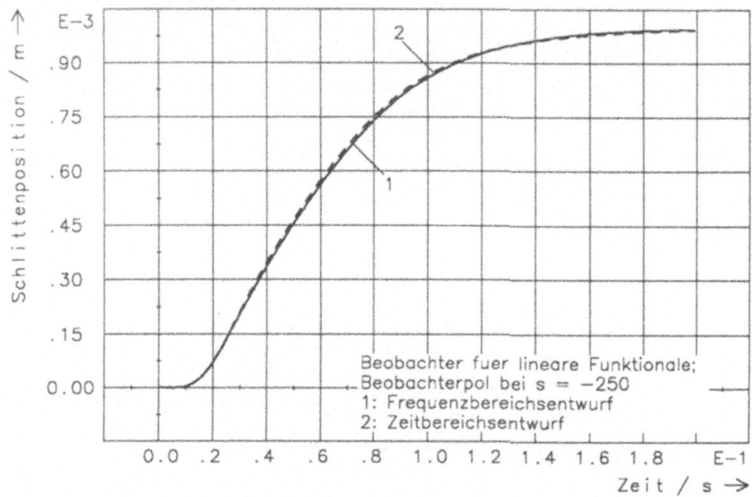

Bild 9.7: Sprungantwort für das ordnungsreduzierte Lagrange-Modell 43. Ordnung; 2 → Reglerentwurf im Zeitbereich (Riccati, diskrete Streckenbeschreibung, $\alpha = 20$) und 1 → Reglerentwurf im Frequenzbereich

Reglerpolen (diskreter Riccati-Entwurf mit Stabilitätsgrad $\alpha = 20$) wie Beobachterpol ($s = -250$) aber unterschiedlicher Reglerauslegung:

- diskreter Riccati-Zeitbereichsentwurf,

- Frequenzbereichsentwurf,

so sind praktisch keine Unterschiede sichtbar, **Bild 9.7**.

9.1.2.2 Reduzierter Beobachter

Verglichen wurden folgende Beobachterkonstellationen:

- Reduzierter Beobachter mit der Ordnung

$$n_B = n - m = 6 - 4 = 2$$

Entwurf anhand der diskreten Zustandsbeschreibung der Regelstrecke mit gewählten Beobachterpolen bei

$$z_1 = 0,65, \quad z_2 = 0,55$$

- Beobachter für lineare Funktionale:

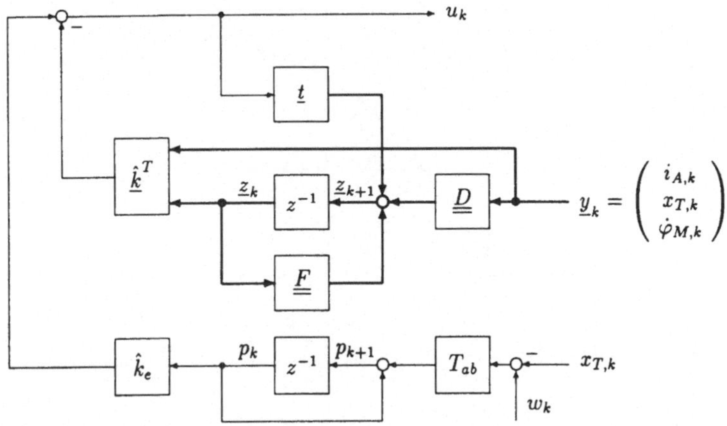

Bild 9.8: Struktur des Zustandsreglers im Zeitbereich mit reduziertem Beobachter und integraler Ausgangsrückführung

- Entwurf im Frequenzbereich, Beobachterpol bei $s = -250$;
- Entwurf im Zeitbereich, Beobachterpol bei $s = -250$

Die Struktur des Reglers gibt **Bild 9.8** wieder. Die Reglerauslegung erfolgte mit einem zeitdiskreten Riccati-Entwurf mit Stabilitätsgradvorgabe $\alpha = 20$ an der ordnungsreduzierten Regelstrecke von Modell M3 ($n_R = 5$), die um den I-Anteil zur Störgrößenkompensation formal erweitert wurde. **Bild 9.9** gibt die Systemantwort auf eine sprungförmige Lagesollwertänderung von 1 mm wieder. Der Zeitverlauf der Schlittenposition zeigt keine signifikanten Unterschiede.

Die Betrachtung der Ankerströme (**Bild 9.10**) dagegen zeigt deutlich den Unterschied zwischen den Beobachterstrukturen. Während die beiden Varianten mit Beobachtern für lineare Funktionale nahe beieinander liegen, ist der Stromverlauf bei der Zustandsregelung mit reduziertem Beobachter wesentlich unruhiger, bedingt durch die sehr schnellen Pole bei $z_1 = 0,65$ und $z_1 = 0,55$. Die Anordnung der Beobachterpole im Bereich der Vorgabe beim Beobachterentwurf für lineare Funktionale (also $z_{1,2} \approx 0,86 \ldots 0,88$) war am betrachteten Versuchsstand nicht realisierbar.

Die Untersuchungen der einzelnen Zustandsreglerstrukturen ergaben insgesamt die Bevorzugung des integrierten Frequenzbereichsentwurfs mit implizitem Beobachter für lineare Funktionale gegenüber dem alternativen Zeitbereichsentwurf. Folgende Aspekte kommen dabei zum Tragen:

- Einfachere Numerik (lineares Gleichungssystem), verbunden mit

- größerer nutzbarer Lösungsbandbreite. Dadurch insgesamt

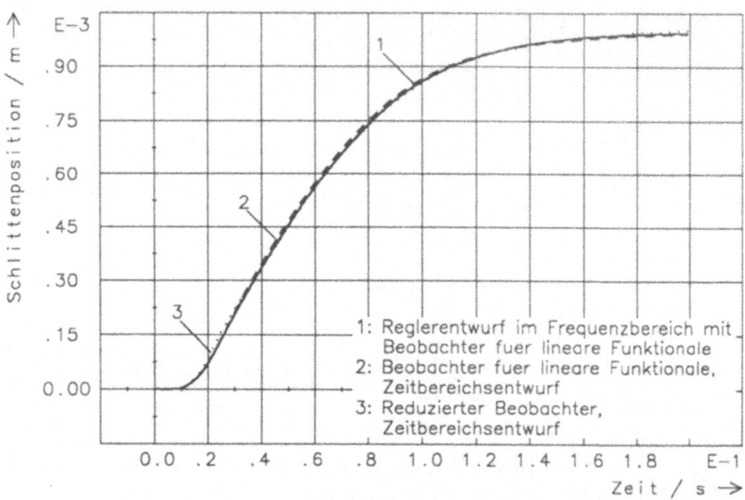

Bild 9.9: Sprungantwort für das ordnungsreduzierte Lagrange-Modell 43. Ordnung; Reglerentwurf im Zeitbereich (Riccati, diskrete Streckenbeschreibung, Stabilitätsgrad $\alpha = 20$) mit reduziertem Beobachter (3) und Beobachter für lineare Funktionale (2); Reglerentwurf im Frequenzbereich mit Beobachter für lineare Funktionale (1)

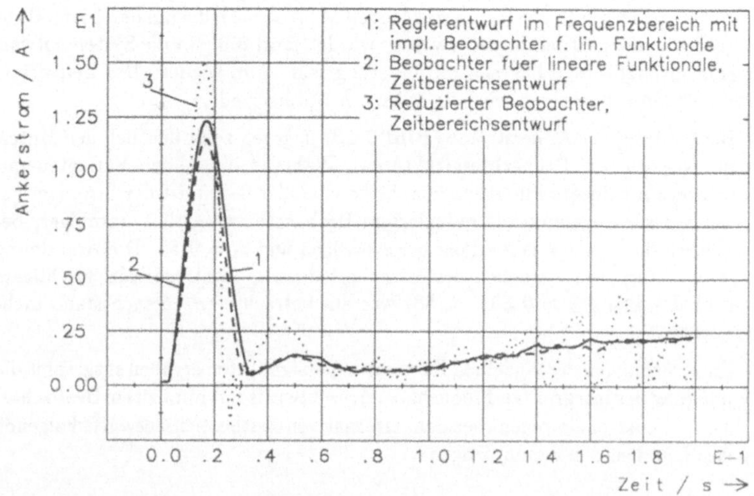

Bild 9.10: Strukturen wie in **Bild 9.9**; zugehörige Ankerströme

- robustere Betriebseigenschaften, d. h. unempfindlicher gegenüber äußeren Störeinflüssen, sowie

- geringere Belastung des Stellgliedes.

In der Praxis besitzt der Beobachter für lineare Funktionale an den untersuchten Vorschubsystemen zusätzlich den Vorteil, daß nur ein Parameter (= reeller Pol) eingestellt werden muß. Dadurch ist eine relativ einfache Optimierung möglich. Weiterhin ist der Implementierungsaufwand im Vergleich zum Beobachter reduzierter Ordnung durch die geringere Anzahl der zu programmierenden Gleichungen deutlich geringer. Dies bietet Vorzüge bei der Einhaltung der Echtzeitbedingung.

9.1.3 Variation des Streckenmodells

Der Vergleich betrifft die Modelle M2, M3 und M4 (vgl. Kapitel 3 und 5), deren wesentliche Eigenschaften **Tabelle 9.4** zusammenfaßt. Der Entwurf der Zustandsregelung ist gekennzeichnet durch

- die formale Erweiterung der Regelstrecke um einen I-Anteil sowie den

- Frequenzbereichsentwurf mit implizitem Beobachter für lineare Funktionale (Beobachterpol bei $s = -250$).

- Die Polvorgabe erfolgte mit den Riccati-Polen des diskreten Zeitbereichsentwurfs für einen Stabilitätsgrad von $\alpha = 30$.

Modell	M2	M3	M4
Ordnung des red. Systems		5	5
Ordnung des Originalsystems	5	43	505
Methode	Lagrange	Lagrange	FE, ELFE_FE

Tabelle 9.4: Vergleich der verwendeten Modellbeschreibungen

Diese Struktur gilt auch im weiteren, falls nicht näher erläutert. **Bild 9.11** gibt die Übergangsvorgänge des geregelten Systems auf eine sprungförmige Änderung der Führungsgröße (Amplitude 1 mm) wieder. Während das Übertragungsverhalten des Vorschubantriebs mit Reglerbasis auf den ordnungsreduzierten Systemen (Rechenmodelle M3 und M4) dynamisch weitgehend identisch ist, weist der Regler auf der Grundlage der Zweimassenidealisierung (M2) eine deutlich andere Dynamik auf: Der reale Verlauf der Schlittenposition im Vergleich zum simulierten (idealen) Übergangsverhalten (vgl. Abschnitt 9.1.1, **Bild 9.2**) ist hier am größten; Ursache dafür ist die zu „harte" Approximation des realen Systemverhaltens durch die Zweimassenidealisierung des Vorschubsystems. Die Reglerrealisierungen auf der Basis der ordnungsreduzierten Entwurfsmodelle profitieren von der Tatsache, daß

der Einfluß der höheren, weniger dominanten und nicht unmittelbar im reduzierten
System auftretenden Eigenformen im Rahmen der Ordnungsreduktion durch das
Verfahren von LITZ in der Systemmatrix $\underline{\underline{A}}_R$ auch *quantitative* Berücksichtigung
findet [49] und auf diese Weise zu „weicherem", d. h. realistischerem Verhalten der
Regelstrecke führt.

Besonders beim Verfahren der Kreisbahn (**Bilder 9.12** und **9.13**) wird die Überlegenheit der komplexen Zustandsbeschreibungen in den Vorschubantriebsmodellen
M3 und M4 gegenüber der i. allg. verwendeten einfachen Ersatzstruktur M2 deutlich. Bei den aufwendigen Systemen sind hier die Abweichungen zur Sollfunktion
am geringsten. Der Zoom der Kreisbahn zeigt keine signifikanten Unterschiede
zwischen dem reduzierten Lagrange-Originalmodell 43. Ordnung und dem ordnungsreduzierten FE-System mit $n = 505$. Diese beiden Beschreibungsformen
sind in ihrer Güte als Basis für den Entwurf von Zustandsregelungen als äquivalent anzusehen.

Bei der praktischen Anwendung ist zu berücksichtigen, daß das spezielle FE-Modell
M4 (Programm ELFE_FE) große Vorteil beim

- Modellierungsaufwand,

d. h. allgemein bei der Handhabung besitzt. M4 eignet sich darüberhinaus am
besten von allen vorgestellten *komplexen* Modellbeschreibungen für die Schwachstellenanalyse der mechanischen Systemkomponenten im Antriebsstrang.

Die heute im allgemeinen übliche Modellierung des elektromechanischen Hybridsystems aus Vorschubmotor mit Leistungsbaugruppe und der Gesamtheit der gekoppelten mechanischen Übertragungselemente auf der Basis zweier über ein Federdämpferpaar gekoppelter Massen, bzw. der Reglerentwurf auf der Basis dieses Modells konnte am untersuchten Vorschubsystem unter keinen Umständen die
Güte der komplexen Systembeschreibungen erreichen.

9.1.4   Variation der Dämpfung im FE-Modell M4

Die **Bilder 9.14** und **9.15** zeigen die Sprungantwort des geregelten Systems auf der
Basis des reduzierten Streckenmodells (aus dem FE-Originalsystem 505. Ordnung
entwickelt) für eine Reihe unterschiedlicher Dämpfungsgrade

$$D_{Lehr} = 0,04 \dots 0,055$$

In **Bild 9.15** ist deutlich die Auflösung des verwendeten interferometrischen Lasermeßsystems erkennbar. Das System verhält sich unter dem Einfluß unterschiedlich hoch angesetzter Dämpfung im FE-Originalmodell praktisch gleich, d. h. die
genaue Kenntnis des Dämpfungsgrades ist nicht ausschlaggebend bei der Modellbildung. Andererseits deutet das Verhalten des geregelten Antriebs auf die gute
Brauchbarkeit des gewählten Dämpfungsansatzes für die FE-Methode hin.

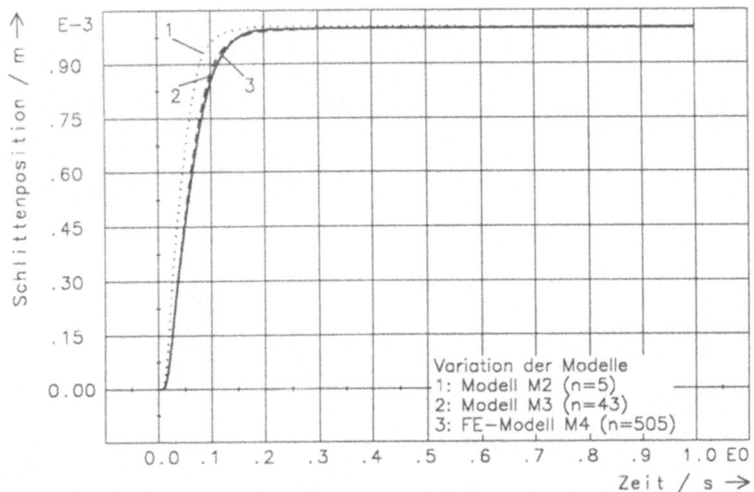

Bild 9.11: Systemantwort des geregelten Systems auf eine sprungförmige Führungsgrößenänderung von 1 mm: Vergleich der Modelle M2 (1), M4 (3) und M3 (2) beim Verlauf der Schlittenposition x, Auflösung: 1000 Punkte

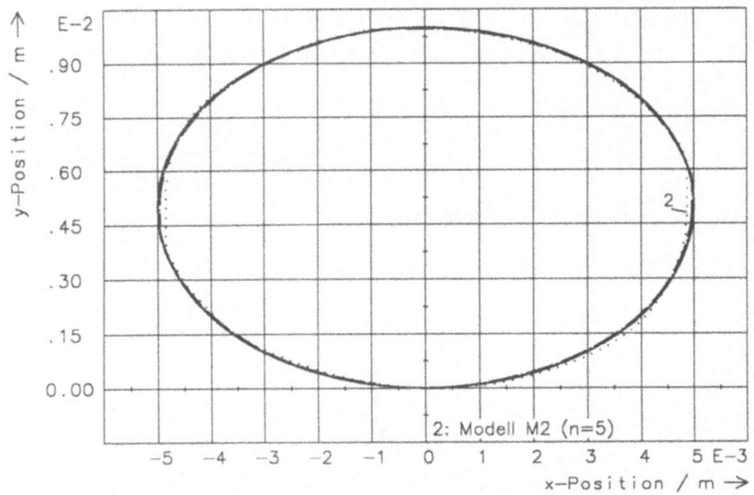

Bild 9.12: Verfahren entlang einer Kreisbahn: Vergleich der Modelle M2 (2), M4 und M3; Auflösung 4000 Punkte

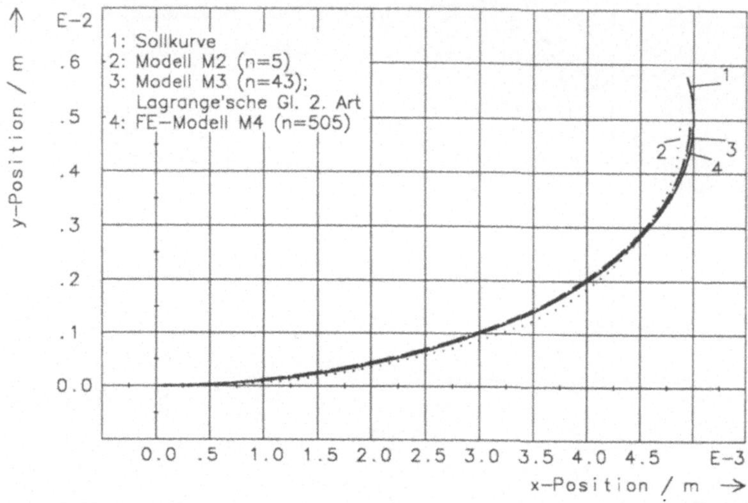

Bild 9.13: Zoom der Kurve aus **Bild 9.11**; M2 (2), M3 (3), M4 (4); 550 Punkte, Sollverlauf (1)

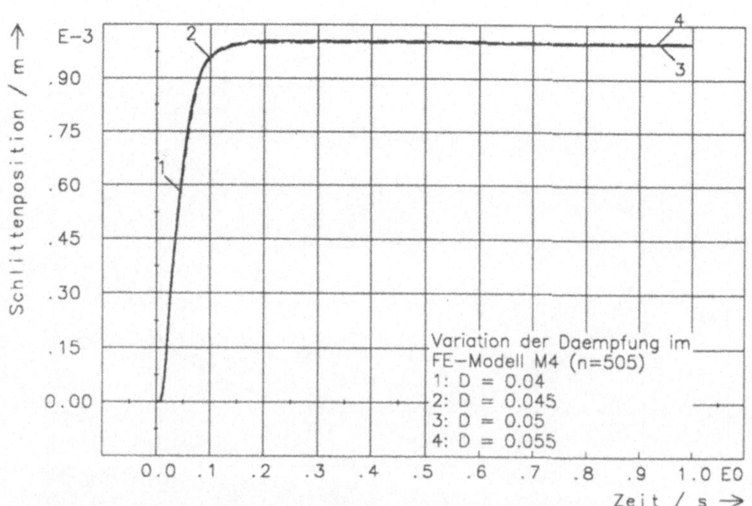

Bild 9.14: Variation der Dämpfung im FE-Modell M4; $D_{Lehr} = 0,04$ (1), $D_{Lehr} = 0,045$ (2), $D_{Lehr} = 0,05$ (3), $D_{Lehr} = 0,055$ (4)

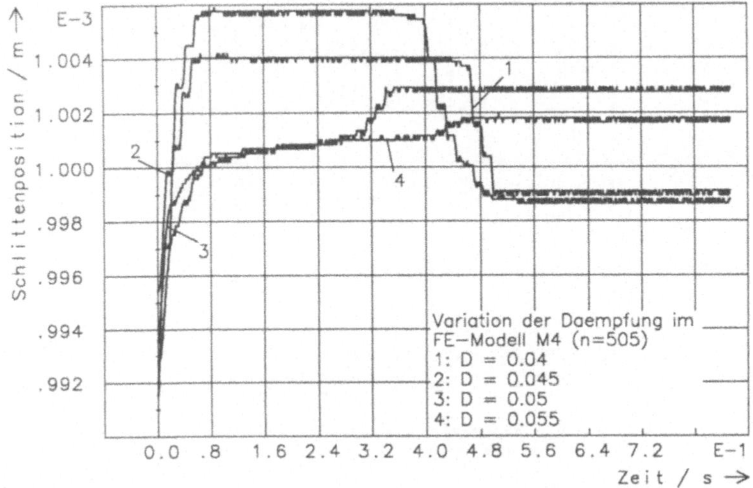

Bild 9.15: Variation der Dämpfung im FE-Modell M4; Zoom der Kurven aus **Bild 9.14**; $D_{Lehr} = 0,04$ (1), $D_{Lehr} = 0,045$ (2), $D_{Lehr} = 0,05$ (3), $D_{Lehr} = 0,055$ (4)

9.1.5 Variation des Antriebskonzepts: bürstenloser Gleichstrommotor — konventioneller Gleichstrommotor

Untersucht wurden zwei unterschiedliche Antriebskonzepte am gleichen mechanischen Übertragungssystem (vgl. hierzu auch Abschnitt 2 und 3). Die gewählte Struktur (Modell, Regelung, Mechanik) wurde wie folgt vorgegeben:

- Reduziertes Streckenmodell aus dem FE-Originalsystem M4, formal um I-Anteil erweitert;

- Modaler Dämpfungsansatz nach Gl.

  - für den Antrieb mit konventionellem Gleichstrommotor **A**:

  $$D_{Lehr} = 0,04, \quad \omega_0 = 900\,\text{rad/s}; \quad a_1 = 0;$$

  - für den Antrieb mit bürstenlosem Gleichstrommotor **B**:

  $$D_{Lehr} = 0,055, \quad \omega_0 = 900\,\text{rad/s}; \quad a_1 = 0;$$

- Angestellte Spindellagerung in O-Anordnung mit auf Zug vorgespannter Kugelgewindespindel;

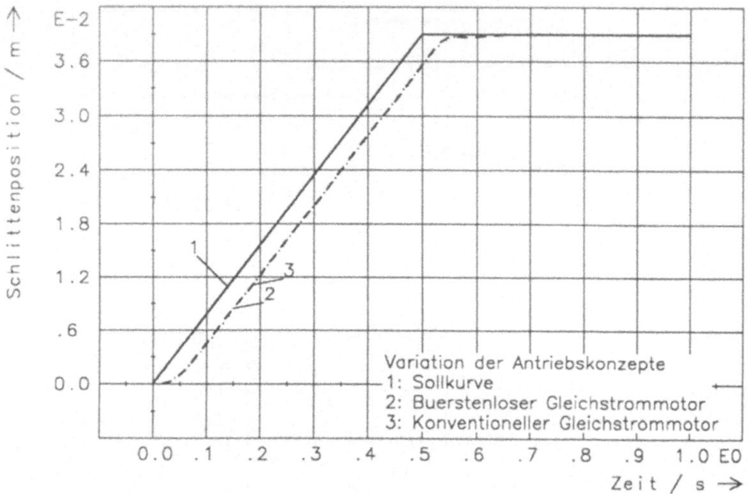

Bild 9.16: Vergleich der Antriebskonzepte bürstenloser (2) — konventioneller Gleichstrommotor (3) am Beispiel einer Rampenantwort: Verlauf der Schlittenposition x, Sollverlauf (1)

- Reglerentwurf im Frequenzbereich mit implizitem Beobachter für lineare Funktionale auf der Basis der Riccati-Pole der diskreten Zustandsbeschreibung der Regelstrecke bei einem Stabilitätsgrad $\alpha = 30$; Stellgrößenbewertung:

  - $R = 1$ für den konventionellen Gleichstrommotor (A) und

  - $R = 10$ für den bürstenlosen Gleichstrommotor (B).

Bild 9.16 zeigt die Rampenantwort des geregelten Systems. Die Steigung der Rampe beträgt 30%. Eine Stellgrößenbegrenzung war nicht wirksam. Die **Bilder 9.19** und **9.20** geben das Verfahren entlang einer Kreisbahn wieder. Die Totzeit des Systems ist bei beiden Antriebsstrukturen jeweils gleich und liegt bei etwa 15 ms. Stick-slip Verhalten ist nicht erkennbar. Der Zeitverlauf der Schlittenposition zeigt keinen nennenswerten Unterschied zwischen den beiden Antrieben, weder bei der Rampenfunktion noch bei der Kreisbahn (auch nicht beim Zoom). Deutliche Abweichungen treten erst bei Betrachtung der zur Rampenantwort gehörigen Ankerstrom- und Motordrehzahlverläufe auf, **Bilder 9.17** und **9.18.** Hier zeichnet sich die Wirkung der niedrigen Drehmomentkonstante $K_T = 0,54\,\mathrm{Nm/A}$ und des geringen Massenträgheitsmomentes $J_M = 3,77 \cdot 10^{-3}\,\mathrm{kgm^2} \approx 24\%\,J_{ges}$ des bürstenlosen Gleichstrommotors klar ab: Strom- und Drehzahlverlauf sind wesentlich rauher als beim konventionellen Gleichstrommotor ($K_T = 0,8\,\mathrm{Nm/A}$; $J_M = 8,5 \cdot 10^{-3}\,\mathrm{kgm^2} \approx 41\%\,J_{ges}$).

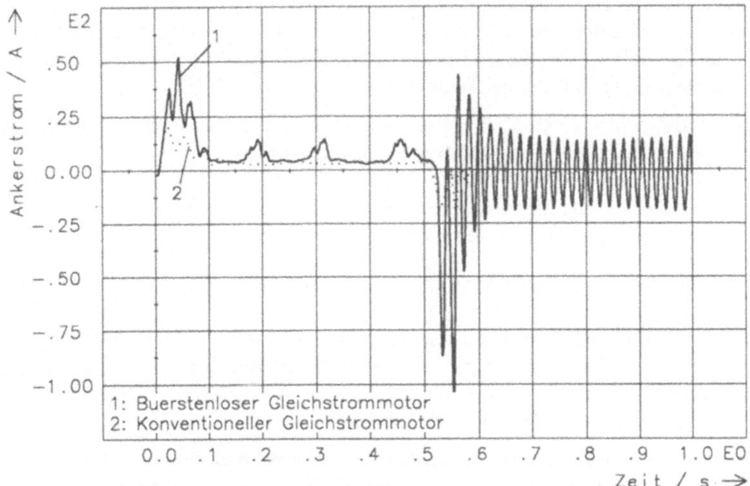

Bild 9.17: Vergleich der Antriebskonzepte bürstenloser (1) — konventioneller Gleichstrommotor (2) am Beispiel einer Rampenantwort: Verlauf des Ankerstromes

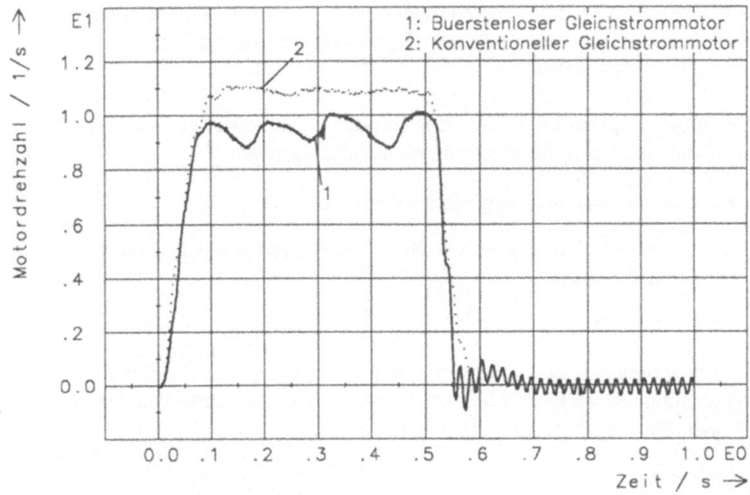

Bild 9.18: Vergleich der Antriebskonzepte bürstenloser (1) — konventioneller Gleichstrommotor (2) am Beispiel einer Rampenantwort: Verlauf der Motordrehzahl

Die Untersuchungen machen deutlich, daß der *Minimierung* des Motorträgheits-momentes unter Berücksichtigung des statischen ($\rightarrow$ Gleichlaufverhalten) und dynamischen Verhaltens des geregelten Vorschubantriebs Grenzen gesetzt sind. Die Art der gewählten Regelung, also konventionelle Kaskadenstruktur oder digitale Zustandsregelung spielt dabei keine wesentliche Rolle, vgl. [67].

Bei der Betrachtung der Meßergebnisse muß allerdings Berücksichtigung finden, daß die mechanischen Komponenten des Antriebsstranges

- zur Gewährleistung der Spielfreiheit unter allen zu erwartenden Bearbeitungsbedingungen und vor allem

- zu Gunsten einer möglichst hohen Steifigkeit (statisch wie dynamisch)

sehr stark vorgespannt wurden. Dadurch entstanden erhebliche Probleme bei der Optimierung des besonders trägheitsarmen, bürstenlosen Gleichstrommotors, dessen Beeinflussung durch die vergleichsweisen hohen Reibkräfte und Reibmomente sehr hoch ist, vgl. auch **Bilder 7.5** und **7.6**.

Besondere Bedeutung kommt dabei der Tatsache zu, daß der Regelkreis zur Positionierung des Werkzeugmaschinenschlittens bei einer Zustandsregelung vereinfacht gesprochen nur einschleifig ist. Der Vorteil kaskadierter Regelkreise wie konventioneller Lageregelkreise für Vorschubantriebe an NC-Systemen besteht in der Ausregelung von Störungen in den „schnellen" inneren Drehzahl- bzw. Stromregelkreisen. Diese Möglichkeiten sind aber an gewöhnlichen Zustandsreglern zunächst nicht gegeben.

Die Einführung eines I-Anteils im Reglers ist unter den Bedingungen des Versuchsstandes unbedingt notwendig. Die Konsequenzen aus den Ergebnissen können zusammengefaßt werden

- in der Optimierung der mechanischen Systemkomponenten hinsichtlich möglichst wenig Reibung und dem Aufbringen von

- nur so viel Vorspannung wie notwendig ist zum

  - sicheren Übertragen der Brems- und Beschleunigungskräfte bzw. -momente sowie

  - der maximalen Bearbeitungskräfte.

Daneben sollten, wie bereits erwähnt, nur Vorschubmotoren Einsatz finden, deren Trägheitsmoment nicht zu klein im Verhältnis zum Gesamtträgheitsmoment des Antriebs ist.

9.2   Vorschubantrieb mit Fest-Loslagerung

Bei der Änderung des mechanischen Systems von angestellter Spindellagerung auf konventionelle Fest-Loslagerung wurden *keine* umfangreichen Experimente mehr

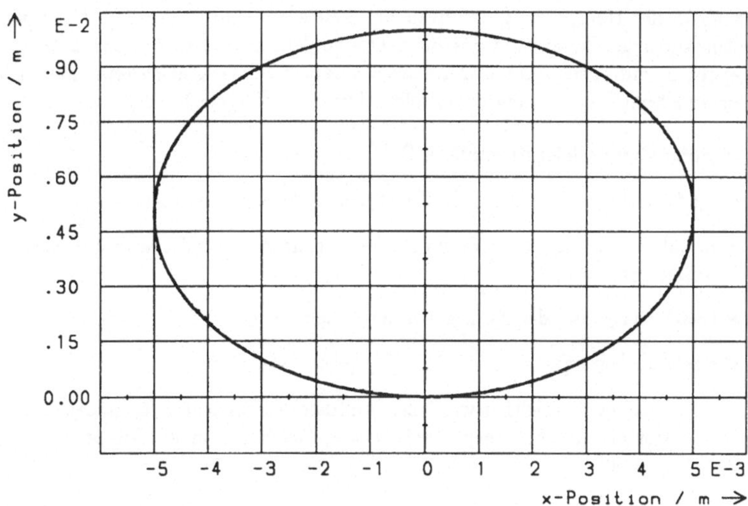

Bild 9.19: Vergleich der Antriebskonzepte bürstenloser (1) — konventioneller Gleichstrommotor (2) bei der Testfunktion Kreisbahn; Auflösung 4000 Punkte

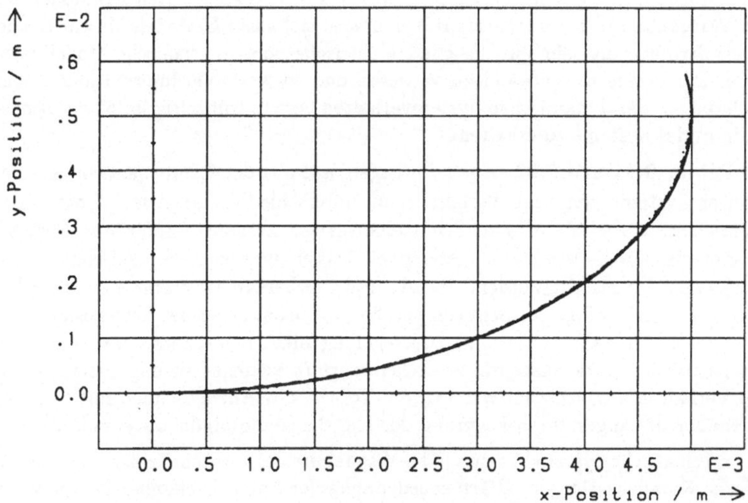

Bild 9.20: Vergleich der Antriebskonzepte bürstenloser (1) — konventioneller Gleichstrommotor (2) bei der Testfunktion Kreisbahn; Zoom der Kurve aus **Bild 9.19**; 550 Punkte

zur Bestimmung des dynamischen Verhaltens der Regelstrecke gemacht. Das Ziel bestand in der Überprüfung der Brauchbarkeit einer völligen à priori Auslegung der Zustandsregelung anhand des entsprechend den neuen Lagerungsbedingungen angepaßten und anschließend ordnungsreduzierten FE-Originalsystems M4. Die Rahmenbedingungen wurden dabei folgendermaßen festgelegt:

- bürstenloser Gleichstrommotor B;

- Modellierung mit $n = 505$ Freiheitsgraden im Zustandsraum;

- Reduktion auf $n_R = 5$; formale Erweiterung der Regelstrecke um einen I-Anteil auf $n = 6$;

- Fest-Loslagerung der Kugelgewindespindel;

- Reglerauslegung:

  - Frequenzbereichsentwurf mit implizitem Beobachter für lineare Funktionale: Beobachterpol bei $s = -250$; Polvorgabe: Riccati-Pole für $\alpha = 30$.

Das Linearspektrum der Vorschubschlittengeschwindigkeit auf rechteckförmig aufgeprägte Sollwertfunktionen für den Ankerspannungssollwert (5% Amplitude Spitze – Spitze) ergab eine Verschiebung der dominanten mechanischen Eigenfrequenz von 149 Hz auf 146 Hz, im Bereich mittlerer Schlittenpositionen aufgenommen. Eine entsprechende Herabsetzung dieser Eigenfrequenz gegenüber den Rechnungen mit angestellter Lagerung wurde auch am angepaßten FE-Modell für den Vorschubantrieb beobachtet. Dabei erweist sich das FE-Modell M4 auf Grund seiner Struktur als sehr gut geeignet, elektrische oder mechanische Modellparameter mit *geringem* Aufwand zu variieren und so wertvolle Informationen über Änderungen des dynamischen Systemverhalten bereits frühzeitig im Konzeptionsstadium des Systems zu erhalten.

Die **Bilder 9.21** und **9.22** zeigen die Ergebnisse aus der Rampenantwort des geregelten Systems und beim Verfahren von unterschiedlich „scharfen" Ecken. Die Rampenantwort wurde bei zwei Schlittenausgangspositionen mit 300 mm Abstand voneinander jeweils zweimal aufgezeichnet. Dabei konnten keine signifikanten Abweichungen festgestellt werden. Die Reproduzierbarkeit ist damit als gut zu bezeichnen. Der Einfluß der Schlittenposition macht sich bei der Fest-Loslagerung der Spindel im Rahmen der Zustandsregelung nicht bemerkbar. Das Verfahren unterschiedlich stark ausgeprägter Ecken zeigt in keinem Fall ungünstiges stickslip Verhalten des Vorschubsystems, die Totzeit des Antriebs blieb mit ≈ 15 ms gegenüber der angestellten Lagerung der Kugelgewindespindel unverändert.

Das mechanische System hat durch die Wegnahme des zweiten Festlagers (notwendig zur Kompensation der Wärmeausdehnung der Spindel) offenbar keinen *signifikanten* Verlust an Vorspannung erlitten. Die Neuaufzeichnung und Anpassung der Motorkennlinien war nicht notwendig.

Zusammenfassend kann das Ergebnis der Untersuchung des Vorschubsystems mit Fest-Loslagerung formuliert werden:

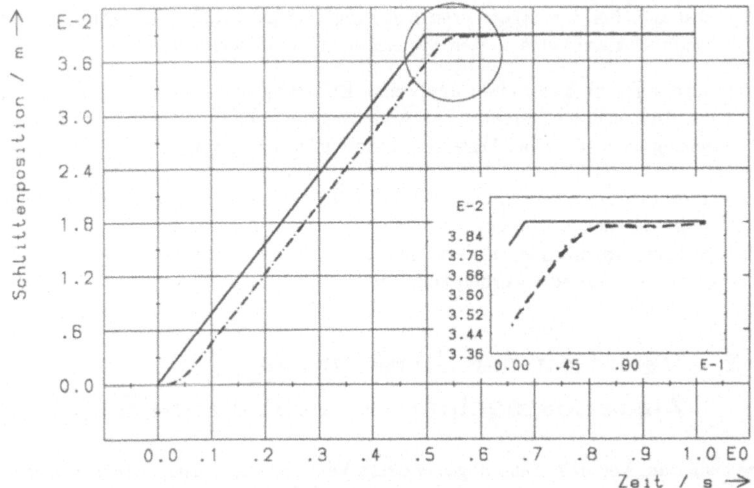

Bild 9.21: Rampenantwort des geregelten Systems mit bürstenlosem Gleichstrommotor und Fest-Loslagerung an zwei Schlittenpositionen im Abstand von 300 mm jeweils zweimal aufgezeichnet: linke Position im Zoom gestrichelt, rechte Position punktiert

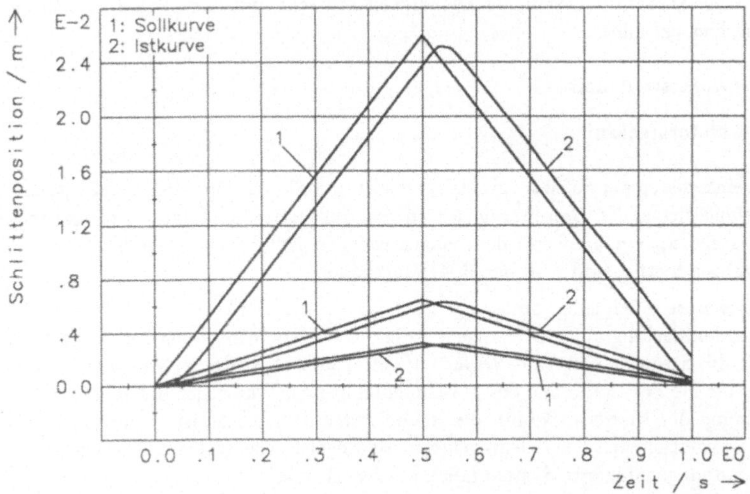

Bild 9.22: Verfahren unterschiedlicher Ecken des geregelten Systems mit bürstenlosem Gleichstrommotor und Fest-Loslagerung; Steilheit der Eckenan- und Eckenabstiege: 2,5%, 5% und 10%

- Das zur Kompensation der Wärmedehnung der Spindel notwendige zweite Festlager bei der angestellten Lagerungsvariante erhöht den Anteil der Lagerreibung am betrachteten System nicht signifikant und

- führt auch nicht zu einer deutlichen Erhöhung der ersten dominanten mechanischen Eigenfrequenz. Die Änderung von 149 Hz für die angestellte Lagerung auf 146 Hz bei Fest-Losanordnung ist nur gering.

Für den betrachteten Vorschubantrieb kann daher die Fest-Loslagerung der Kugelgewindespindel als optimal betrachtet werden, zumal auch in regelungstechnischer Hinsicht keine bedeutenden Unterschiede zwischen den beiden untersuchten Lagerungskonzepten entdeckt werden konnten.

9.3   Variation der Struktur der Zustandsregelung — nichtlineare Regelung

Die bisher am Versuchsstand angewendeten Verfahren der Zustandsregelung zeichnen sich vor allem dadurch aus, daß mit Hilfe des Stabilitätsgrades α beim Riccati-Entwurf eine definierte Mindestgeschwindigkeit des Übergangs von einem Systemzustand in den anderen gewährleistet ist. Weiterhin fand die Erprobung stets im *linearen* Bereich des Vorschubsystems statt, d. h. es waren keinerlei Begrenzungen, speziell Stellgrößenbegrenzungen wirksam.

Für den praktischen Betrieb aber müssen Maßnahmen getroffen werden, um z. B. beim Verfahren mit Eilganggeschwindigkeit kritische Systemzustände zu überwachen, hier vor allem:

- Ankerstrom und

- Motordrehzahl.

Am einfachsten per Software zu realisieren ist im Rahmen einer digitalen Zustandsregelung sicher die *Begrenzung* der an den Pulsbreitenmodulator ausgegebenen Stellgröße u_{st} entsprechend dem einzustellenden Ankerspannungssollwert $u_{A,soll}$. Verfahren hierfür sind z. B. bei [3, 41] angegeben.

Eine weitere Möglichkeit besteht in der Adaption der Struktur der konventionellen Kaskadenregelung auf die Belange der digitalen Zustandsregelung [29]. **Bild 9.23** zeigt die Struktur einer am Versuchsstand erprobten *kaskadierten Zustandsregelung* für die Positionierung des Maschinenschlittens. Wesentlich dabei ist, daß die Ordnung der Regelstrecke für alle Regler immer die gleiche ist — im Gegensatz zur konventionellen Kaskadenregelung. Als Regelstrecke liegt dem Entwurf dabei das ordnungsreduzierte System mit $n_R = 5$ zugrunde.

Tabelle 9.5 zeigt die verwendeten Strukturen und Pollagen für die einzelnen Regler der Zustandskaskade. Der Entwurf wurde jeweils am kontinuierlichen System mit dem Polvorgabeverfahren durchgeführt (alternativ nach ACKERMANN oder HESSENBERG [22]). Der notwendige Beobachter wurde nur einmal ausgelegt: für

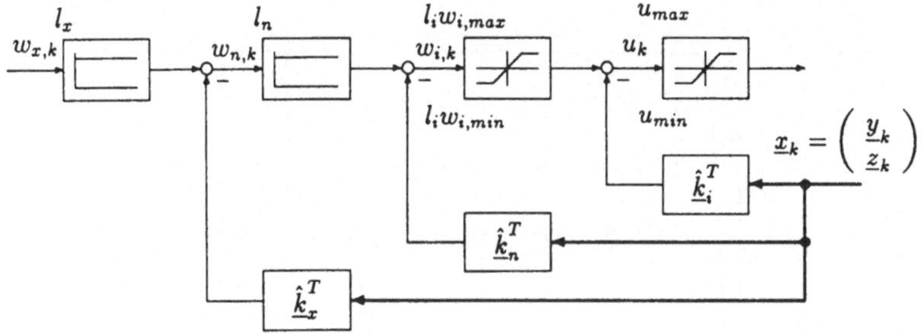

$w_{x,k}, w_{n,k}, w_{i,k}$　:　Führungsgrößen für Lage-, Drehzahl- und Stromregelkreis

$\hat{\underline{k}}_x, \hat{\underline{k}}_n, \hat{\underline{k}}_i$　:　Rückführvektoren für Lage-, Drehzahl und Stromregelkreis

l_x, l_n, l_i　:　Vorfilter für Lage-, Drehzahl- und Stromregelkreis

$w_{i,max}, w_{i,min}$　:　maximaler, minimaler Stromsollwert

u_{max}, u_{min}　:　maximale, minimale Stellgröße

$\underline{y}_k$　:　Meßvektor

$\underline{z}_k$　:　Beobachterzustandsvektor

Bild 9.23: Struktur einer kaskadierten Zustandsregelung, für $\underline{y}_k, \underline{z}_k$ siehe auch **Bild 9.5**

die äußere Kaskade der Schlittenposition x und zwar als reduzierter Beobachter mit $n_B = 2$ und diskreten Polen bei $z_1 = 0,35$ und $z_2 = 0,45$.

Regelkreis für	gewählte Pollagen	Charakterisierung
Ankerstrom i_A	$s_1 = -230$	PT1-Verhalten, $s_1 \approx 4/T_{el}$
Motordrehzahl n_M	$s_{1,2} = -31 \pm j\,81,5$	PT2-Verhalten
Schlittenposition x	$s_1 = 37$	
	$s_{2,3} = -47 \pm j\,840$	
	$s_{2,3} = -43 \pm j\,81,5$	

Tabelle 9.5: Polvorgaben für die Zustandskaskade

Bild 9.24 zeigt die Sprungantwort des kaskadiert zustandsgeregelten Systems mit bürstenlosem Gleichstrommotor. Man erzielt mit dieser Struktur eine sehr kurze Anregelzeit, kann aber nicht das „Hängenbleiben" des Schlittens außerhalb des zulässigen Toleranzbereiches verhindern. Je nach Reibungsverhältnissen blieb der Antrieb 1 – 2% unter oder über dem Sollwert von 1 mm hängen. Vorteil des Konzepts ist die einfache Möglichkeit der Begrenzung der Sollwerte für die einzelnen Regler. Die Kombination aus der Kaskadenstruktur (**Bild 9.23**: Regler 1) und der bekannten Reglerauslegung im Frequenzbereich mit implizitem minimalen Beobachter (**Bild 9.1**: Regler 2) führt zur Struktur der Zustandsregelung nach **Bild 9.25**. Dabei wird jeweils in geeignete Betriebsbereiche umgeschaltet, vgl. auch

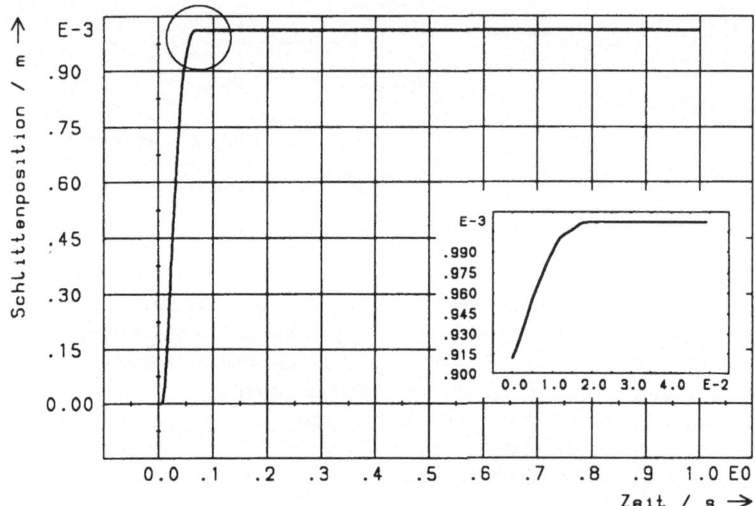

Bild 9.24: Sprungantwort für das System mit kaskadierter Zustandsregelung

[3, 19]. Zum Feinausregeln dient dabei der im Freqenzbereich ausgelegte Regler mit I-Anteil (**Regler 2**). Wesentlich dabei ist, daß beide Regler *parallel* programmiert werden. Grund dafür sind

- die beiden Beobachterzustandsgrößen bei der rein proportionalen Zustandskaskade (**Regler 1**) sowie

- die Integratoren beim Regler auf der Basis des Frequenzbereichsentwurfes mit impliziten Beobachter minimaler Ordnung (**Regler 2**).

Dadurch wird das „stoßfreie" Umschalten zwischen den verschiedenen Regelungsstrukturen ermöglicht. Der Aufwand für die Regler-CPU, d. h. hier die Belastung des Slave-Transputers, erhöht sich dabei erheblich.

Die **Bilder 9.26** und **9.27** demonstrieren die Leistungsfähigkeit des Vorschubsystems bei einer Rampenantwort. Die Steigung der Rampe betrug 40%. Der Stromsollwert wurde dabei auf 1,6-fachen Nennstrom begrenzt. Das entspricht ca. 90 A.

Als Umschaltstrategie wurde gewählt:

Regler 1 : $\left|\frac{x_s - x_i}{x_s}\right| < 0,9$ → kaskadierter nichtlinearer Zustandsregelkreis

Struktur **Bild 9.23**

Regler 2 : $\left|\frac{x_s - x_i}{x_s}\right| \geq 0,9$ → linearer Regler;

Frequenzbereichsentwurf mit I-Anteil

Struktur **Bild 9.1**

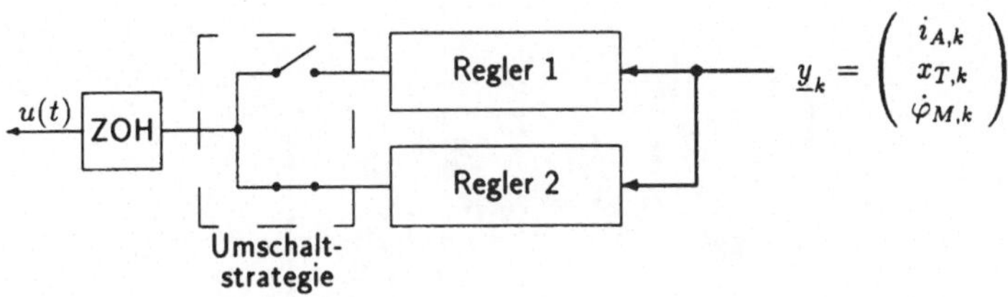

Bild 9.25: Struktur einer nichtlinearen Zustandsregelung mit Strukturumschaltung zwischen einem konventionellen linearen Regler mit I-Anteil und minimalem Beobachter (Frequenzbereichsentwurf; **Regler 2**) und einer proportionalen Zustandskaskade mit der Möglichkeit von Stromsollwert- und Stellgrößenbegrenzung (**Regler 1**)

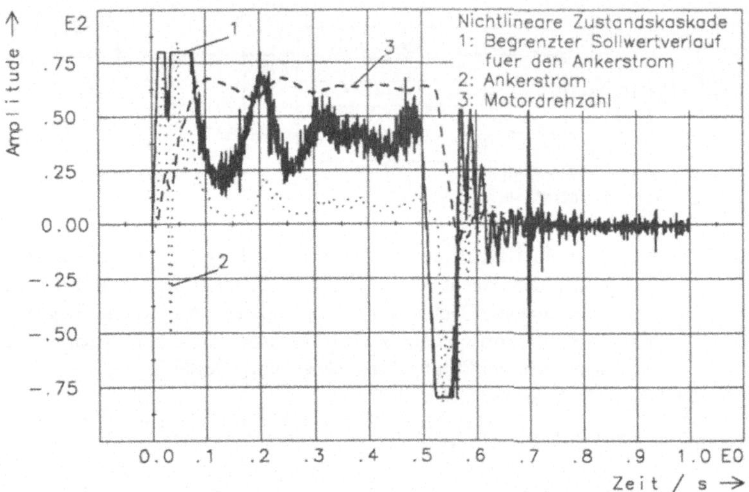

Bild 9.26: Rampenantwort für das System mit Strukturumschaltung; Funktionale; Ankerstromregelkreis (1), des Ankerstroms (2) und der Motordrehzahl (3)

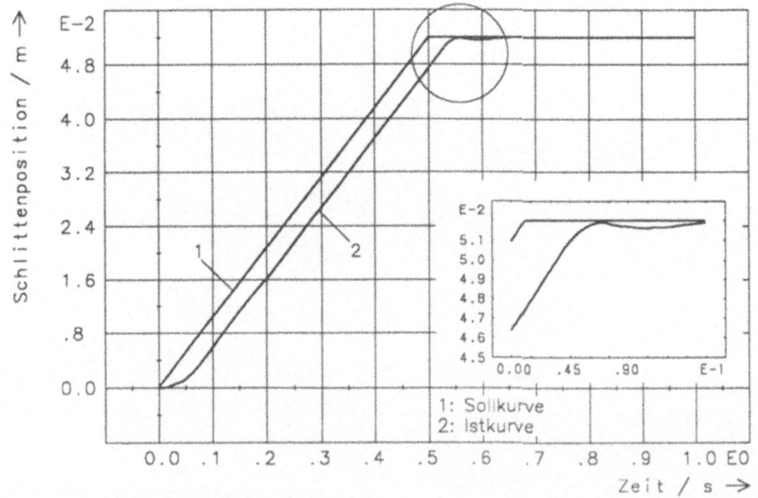

Bild 9.27: Rampenantwort für das System mit Strukturumschaltung; **Regler 1:** kaskadierter Zustandsregler, nichtlinear mit Stromsollwertbegrenzung; **Regler 2:** linearer Zustandsregler, Frequenzbereichsentwurf mit Beobachter für lineare Funktionale; Verlauf der Schlittenposition x

10 Zusammenfassung

10.1 Hardware

Das verwendete Hardwarekonzept zur Lösung der Echtzeitaufgabe „Digitale Zustandsregelung elektrischer Vorschubantriebe" kennzeichnet ein

- *zentrales* Netzwerk aus zwei T800-20 Transputern von INMOS für die Durchführung der

  - Regelungs- und Beobachtungsaufgabe einschließlich Führungsgrößenerzeugung sowie die
  - Systemverwaltung und die
  - Kommunikation zur Außenwelt.

Weiterhin wird als Schnittstelle zwischen Antrieb und Regler-CPU eine entprechend dem Arbeitsprinzip des Vorschubmotors jeweils zu modifizierende

- *dezentrale*frontend Karte mit 8086-CPU eingesetzt. Deren Aufgabe besteht in der

  - Generierung der Steuersignale für die Leistungsbaugruppe des Vorschubmotors aus dem übertragenen Ankerspannungssollwert vom Transputernetzwerk sowie der
  - Aufnahme und Vorverarbeitung der gemessenen Systemgrößen Motorstrom, Motordrehzahl und Schlittenposition.

Die gewählte Struktur besitzt den wesentlichen Vorteil gegenüber reinen single chip Lösungen, daß ihre Leistungsfähigkeit durch Netzwerkvergrößerung mit weiteren Transputern nahezu beliebig gesteigert werden kann. Dies ist vor allem vor dem Hintergrund der Entwicklung einer *Mehrachsregelung* für Industrieroboter oder komplexe Bearbeitungszentren von Bedeutung. Die verwendete Programmiersprache Occam besitzt den Komfort einer Hochsprache, ist echtzeitfähig und unterstützt die Paralleleigenschaften der Hardware in vollem Maß, ohne daß der Programmierer sich dabei um Basisfunktionen wie Adressen oder Register zu kümmern braucht. Ein Nachteil der Transputerhardware, die physikalische Beschränkung der Kommunikationskanäle, sogenannter Links, auf vier je Prozessor, wird durch die nächste Transputergeneration aufgehoben (Einführung sog. virtueller Links, vgl. [60]). Damit vereinfacht sich der Programmieraufwand bzw. Konfigurationsaufwand beim Entwurf komplizierter Netzwerke entscheidend: Portabilität von Occam-Programmen.

Als Alternative zur verwendeten antriebsnahen frontend Karte mit eigener, unabhängig arbeitender 8086-CPU können entweder kostengünstige

- Microcontroller oder aber spezielle

- A/D-Karten mit weiteren Transputern eingesetzt werden. Die zweite Variante

    - minimiert Schnittstellen- sowie Timingprobleme und

    - reduziert den Aufwand für die Systementwicklung durch gleiche Umgebung für Regler-CPU und antriebsspezifische Achskarte erheblich.

Die hohe Leistungsfähigkeit der T800-20 Transputer führte bei einer Abtastzeit von $T_{ab} = 1\,\mathrm{ms}$ auch bei sehr komplexen nichtlinearen, strukturumschaltenden Reglerstrukturen nie zu einem Engpaß.

10.2   Erfassung der Schlittenposition

Wesentlicher Vorteil der Erfassung der Regelgröße, d. h. Schlittenposition durch ein *laserinterferometrisches* System ist die extrem hohe Auflösung von ca. $0,158\,\mu\mathrm{m}$ bei der gewählten optischen $\lambda/4$ Standardanordnung: Diskretisierungsfehler sind damit und infolge der Informationsverarbeitung mit 5 Byte normalerweise vernachlässigbar [24]. Die maximale Abtastfrequenz des Systems liegt mit 4,1 kHz im unkritischen Bereich. Große Verfahrwege über mehrere Meter stellen kein Problem dar.

Der gravierende Nachteil der verwendeten interferometrischen Lasermessung auf der Basis eines frequenzstabiliserten He-Ne-Zweistrahllasers (Heterodyn-Laser) liegt

- im hohen Applikationsaufwand bei realem Betrieb durch die notwendige völlige Strahlkapselung sowie in den

- hohen Investitionskosten.

Abhilfe besteht heute im Ersatz durch *temperaturstabilisierte* Laserdioden. Die damit erzielbare Wellenlängenkonstanz liegt bei $\lambda \approx 10^{-7}\,\mathrm{m}$ und ist damit für die meisten Industrieanwendungen ausreichend. Der Nachteil der Strahlkapselung bleibt allerdings erhalten.

10.3   Regelungstechnische Aussagen

10.3.1   Digitale Zustandsregelung — Digitale Simulation

Die grundsätzliche Frage dabei ist zunächst, ob der Entwurf im *Zeitbereich* oder im *Frequenzbereich* durchgeführt werden soll. Der Frequenzbereichsentwurf ist an

Polvorgabe gebunden. Daher ist es sinnvoll, die Pole im Zeitbereich mit Hilfe einer Riccati-Optimierung festzulegen und dann im Frequenzbereich vorzugeben.

Die Alternative einer Polvorgabe nach den bekannten Filtercharakteristiken aus der Nachrichtentechnik (z. B. Bessel, Butterworth, LaVerne Terrace) ist an elektromechanischen Hybridsystemen schwierig zu realisieren, da die konjugiert komplexen (bei Zustandsraumdarstellung) *mechanischen* Polpaare am realen System nicht explizit verschoben werden können.

Der Zeitbereichsentwurf erfordert die *getrennte* Auslegung von Beobachter und Regler und ist daher (numerisch) deutlich aufwendiger. Die Tendenz zu numerischen Instabilitäten betrifft insbesondere die Lösung der Riccati-Differentialgleichung bzw. die Lösung der algebraischen Riccati-Gleichung für den Fall der diskreten Systembeschreibung. Das Verfahren von LAUB als Riccati-Löser erwies sich hier am günstigsten.

Der Frequenzbereichsentwurf besticht durch die integrierte Betrachtung von Beobachter und Regler ($\rightarrow$ impliziter Beobachter) und führt schließlich auf ein einzelnes lineares Gleichungssystem, dessen Lösung numerisch relativ problemlos ist, solange die Ordnung des Gleichungssystems nicht zu groß wird (hier: $n = 8$).

Der Vorteil der integrierten Auslegung von Regler und Beobachter im Frequenzbereich machte sich gegenüber dem separierten Entwurf im Zeitbereich in der digitalen Simulation nicht signifikant bemerkbar, sehr wohl aber beim experimentellen Vergleich der verschiedenen Regler unter gleichen (mechanischen) Randbedingungen.

Die experimentelle Erprobung beider Verfahrensweisen am realen Vorschubsystem zeigte dann auch die Überlegenheit des Frequenzbereichsentwurfs, die in einer

- größeren realisierbaren Lösungsbandbreite und damit

- weniger empfindlicheren, d. h. *robusteren* Zustandsregelung zum Ausdruck kommt, sowie zu einer

- deutlich geringeren Belastung des Stellgliedes führt.

Das Beobachtungsproblem erwies sich in der Praxis, gleichgültig ob Frequenz- oder Zeitbereichsentwurf immer als kritisch. Die Beobachterpole beeinflussen bekanntlich *nicht* das Führungsverhalten eines Systems, gehen aber direkt in den Störfrequenzgang ein. Von den experimentell untersuchten Beobachtervarianten:

- Beobachter reduzierter Ordnung (Zeitbereichsentwurf) zur Rekonstruktion fehlender Streckenzustandsgrößen mit $n_B = n - m = 2$ sowie dem

- minimalen Beobachter für ein lineares Funktional mit $n_B = \nu - 1 = 1$ (Zeitbereich, Frequenzbereich)

erwies sich wieder der zusammen mit dem Beobachter im Frequenzbereich entworfene Regler am günstigsten. Im Rahmen der durchgeführten digitalen Regelkreissimulationen konnte dagegen *kein* nennenswerter Einfluß der Beobachterpole bzw.

Beobachter-, Reglerstruktur auf das Übergangsverhalten konstatiert werden, auch dann nicht, wenn dem System praxisrelevante Störungen (z. B. sprung- und/oder sinusförmige Vorschubkraftänderungen) aufgeprägt wurden.

Der Problematik der Kompensation von nicht oder nur sehr schwierig meßbaren Störeinflüssen auf die Regelstrecke wurde in dieser Arbeit auf zweifache Weise begegnet:

- Durch die Einführung eines I-Anteils im Regler sowie mit einer

- Anpassung, d. h. weitgehenden Linearisierung der Antriebskennlinien.

Der I-Anteil im klassischen Regler kann dabei systemtheoretisch als Signalprozeß für sprungförmige Störungen gedeutet werden. Die Kennlinienanpassung der Vorschubmotoren entspricht sowohl einer Reibungskompensation als auch der Beseitigung von Unempfindlichkeitszonen der verwendeten pulsbreitenmodulierten Leistungsbaugruppen um den Nullpunkt.

Die digitale Simulation des zustandsgeregelten Vorschubsystems erfolgte bevorzugt mit dem Programm DAREP anhand des als sampled-data system formulierten Regelkreises mit

- kontinuierlicher Regelstrecke entsprechend der Modellbildung und

- diskreten Regler- und Beobachtergleichungen.

Für die Lösung der Differentialgleichungen des kontinuierlichen Systemteils wurde i. allg. das hinsichtlich Genauigkeit und Rechenzeit optimale Runge-Kutta-Merson Integrationsverfahren eingesetzt. Die Schnittstelle zwischen kontinuierlicher und diskreter Struktur bildete ein Halteglied nullter Ordnung (Zero-Order-Hold). Der fundamentale Vorteil der gewählten Systembeschreibung als sampled-data system liegt in der Möglichkeit der direkten, lediglich syntaktisch zu modifizierenden Portierung der *diskreten* Gleichungen für Regler und Beobachter auf das Transputernetzwerk unter Occam.

Insgesamt zeigt die digitale Simulation keinen nennenswerten Unterschied im wesentlichen Zeitbereichsverhalten der untersuchten positionsgeregelten Systeme mit folgender Streckenbasis:

- direktes Entwurfsmodell M2,

- ordnungsreduziertes Rechenmodell M3 auf der Basis der Lagrange'schen Gleichung 2. Art,

- ordnungsreduziertes Rechenmodell M4 (spezielles FE-Modell, Programm ELFE_FE).

Die experimentellen Untersuchungen stellen den gravierenden Vorteil, d. h. die realitätsnahe Beschreibung des Vorschubsystems durch die komplexen Rechenmodelle M3 und M4, bzw. deren ordnungsreduzierte Pendants gegenüber dem direkten Entwurfsmodell M2 deutlich heraus:

- Die beste Übereinstimmung gemessener und gerechneter Übergangsvorgänge sowie gemessener und allgemein vorgebenener Lagesollwertverläufe ist in dieser Arbeit immer mit den ordnungsreduzierten Entwurfsmodellen der komplexen Systembeschreibungen erreicht worden.

Bei der Verwendung der konventionellen Systembeschreibung M2 (Zweimassenmodell aus Vorschubmotor und angetriebener Mechanik) als Entwurfsmodell für den Reglerentwurf muß in der Praxis stets Berücksichtigung finden, daß

- die Geschwindigkeit der Übergangsvorgänge im Rahmen der digitalen Simulation (vorgegeben über den Stabilitätsgrad α bei der Riccati-Optimierung) nicht den realen Verhältnissen entspricht. Das System wird für die Wiedergabe realistischer Verhältnisse immer zu steif idealisiert.

10.3.2   Nichtlineare Regelung

Der kritische Vergleich der erprobten Reglerstrukturen in Hinblick auf die Eignung zum Einsatz in voll digital lagegeregelten elektrischen Vorschubantrieben in NC-Systemen zeigte folgende Ergebnisse:

- Solange der geregelte Vorschubantrieb im linearen Bereich arbeitet, d. h. im wesentlichen unter (vorgesehenen) Zerspanprozeßbedingungen oder allgemeinen Arbeitsbedingungen, stellt der im Frequenzbereich entworfene Zustandsregler mit I-Anteil und implizitem Beobachter für lineare Funktionale das Optimum dar.

- Die Situation wird kritisch, wenn nichtlineare Arbeitsbereiche, speziell Verfahren mit hohen Vorschubgeschwindigkeiten (z. B. Eilgangfahrten), mit in Betrachtung gezogen werden. Grundsätzlich besteht dann bei digitalen Zustandsregelungen das Problem der wirksamen Begrenzung von Zustandsgrößen, hier speziell von

  - Ankerstrom und
  - Motordrehzahl.

Dies bringt erhebliche Sicherheitsprobleme beim Betrieb unter realen Prozeßbedingungen mit sich. Im Normalfall ist die Begrenzung der Stellgröße, also der einzustellende Sollwert der Ankerspannung, die einzig mögliche Maßnahme. Die gewählten Abtastperioden (hier: $T_{ab} = 1\,\mathrm{ms}$) sind dabei i. allg. aber zu groß, um wirksamen Schutz für die wesentlich schneller schaltenden Halbleiter im Leistungsteil zu bieten.

Abhilfe bietet eine hier experimentell untersuchte kaskadierte, digitale Zustandsregelung mit der einfachen (Software) Möglichkeit der Sollwertbegrenzung für den Ankerstrom- und Drehzahlregelkreis.

Zur Verbesserung der Systemdynamik wurde zusätzlich mit einer Strukturumschaltung zwischen

- *proportionaler kaskadierter* Zustandsregelung aus Lage-, Drehzahl- sowie Stromregelkreis und einer

- *konventionellen* Zustandsregelung mit I-Anteil im Regler für die Feinpositionierung gearbeitet (Frequenzbereichsentwurf mit implizitem Beobachter für lineare Funktionale).

Insgesamt konnten mit diesem Regelungskonzept am kritischen bürstenlosen Gleichstrommotor ausgezeichnete Ergebnisse erzielt werden.

Die Beantwortung der Frage nach der für elektrische Vorschubantriebe in NC-Systemen am besten geeigneten Reglerstruktur hängt sehr stark von der Systemkonstellation ab. Dabei dominieren am Vorschubmotor mit Leistungsbaugruppe die folgenden Einflußfaktoren:

- Anteil des Eigenträgheitsmoments am gesamten, auf die Motorwelle reduzierten Trägheitsmomentes des Antriebs.

- Stromüberlastfähigkeit.

Für die angetriebene Mechanik sind wesentlich:

- Die Höhe der Vorspannung in der Spindellagerung und im Muttersystem. Zusammen mit der Art der Schlittenführungen (Wälz- oder Gleitführungen) wird das Reibverhalten des Antriebs maßgeblich bestimmt;

- Die Lage der kritischen, d. h. regelungstechnisch dominanten Eigenfrequenzen.

Ideal ist zu bezeichnen, wenn für alle Arbeitsbedingungen (Zerspanung, Eilgangfahrten) ein einziger *linearer* Regler ausreicht. Da dies jedoch nur in Einzelfällen zu erreichen ist, bietet ein strukturvariabler Regler, bei dem in Abhängigkeit von den Arbeitsbedingungen der jeweils optimale Regler aktiviert wird, wohl die beste Lösung. Dabei ist allerdings das Problem der Formulierung möglichst „weicher" Schaltbedingungen zu lösen.

10.4   Maschinenbauspezifische Aussagen

10.4.1   Zur Modellierung von elektromechanischen Vorschubantriebssystemen

Bei der Entwicklung mechanischer Übertragungsstrukturen für elektrische Vorschubantriebe in Hinblick auf die dynamischen Eigenschaften des positionsgeregelten Gesamtsystems steht vor allem die Fragestellung im Vordergrund, wie mit möglichst wenig Aufwand an theoretischen sowie experimentellen Untersuchungen (speziell an Prototypen) möglichst viel quantitative Systeminformation (kritische Eigenfrequenzen, besonders nachgiebige Zonen, d. h. Schwachstellen) gewonnen werden kann. Zur Beantwortung dieser Frage wurden fünf Varianten zur Modellierung elektromechanischer Vorschubantriebe für NC-Systeme auf ihre Eignung als praxisrelevantes Rechenmodell bzw. Entwurfsmodell hin untersucht. Prinzipiell unterscheiden sich die einzelnen Ansätze im Grad der Verdichtung der mechanischen Modellparameter, bzw. in der vorgenommenen Diskretisierungsstufe für das mechanische Teilsystem.

- Im einfachsten Fall (M1) erfolgt die Modellbildung des Vorschubsystems unter *Vernachlässigung* jeglicher *dynamischer* Eigenschaften des mechanischen Übertragungssystems. Einzig in das reduzierte Gesamtträgheitsmoment des Antriebs geht die Mechanik ein. Die regelungstechnische Beschreibung des Vorschubmotors und seiner Leistungsbaugruppe legt die Dynamik des Systems fest. Die Systemordnung beträgt $n = 3$ unter Berücksichtigung der formalen Integration von n auf x und bei Idealisierung der Leistungsbaugruppe als P-Glied. Der Ansatz setzt die „hinreichende starre" Kopplung der in sich ebenfalls als starr betrachteten gesamten Mechanik an die Motorwelle voraus und ist daher in der Praxis nur eingeschränkt anwendbar. Das Modell besitzt einzig den Vorteil, als stark vereinfachtes Entwurfsmodell direkt zur Reglerauslegung eingesetzt werden zu können.

- Die Einbeziehung schwingungsfähiger Mechanik im Antriebsstrang erfolgt im einfachsten Fall durch die Berücksichtigung einer (dominanten) mechanischen Eigenfrequenz (M2). Die Systemordnung erhöht sich dadurch gegenüber M1 auf $n = 5$. Als freie Parameter zur Modellanpassung stehen die Parameter c_2 und d_2 zur Verfügung, deren Einstellung aber nur iterativ erfolgen kann. Gravierender Nachteil ist in der Praxis weiterhin die Tatsache, daß die Anpassung bereits bei Variation des Motorträgheitsmoments wieder neu vorgenommen werden muß. Das Modell M2 eignet sich daher ausschließlich für bereits identifizierte Systeme. Wie M1 ist die Eignung für die Analyse von Vorschubantrieben im Konzeptionsstadium bzw. in der Konstruktionsphase unzureichend. Da die Anzahl der meßbaren Systemzustände im Normalfall $m = 3$ beträgt (Schlittenposition, Ankerstrom, Motordrehzahl), ist beim Entwurf einer Zustandsregelung i. allg. ein Beobachter notwendig [1]. Damit besitzt das Modell M2 keinerlei Vorteile gegenüber den komplexen Systembeschreibungen M3 und M4, die *ordnungsreduziert* die gleiche Zahl an Differentialgleichungen besitzen.

- Eine feinere Modellierung erhält man bei Berücksichtigung weiterer Freiheitsgrade bzw. stärkerer Diskretisierung des realen Systems (M3). Die Idealisierung des Vorschubantriebs zur direkten Anwendung der automatisierbaren Aufstellung der Bewegungsgleichung auf der Basis der Lagrange'schen Gleichung 2. Art nach dem von KÜÇÜKAY vorgeschlagenen Verfahren [45] führt hier auf ein System gekoppelter Differentialgleichungen 43. Ordnung im Zustandsraum. Gegenüber den Modellen M1 und M2 ist das Lagrange-Modell völlig unabhängig von der Wahl des Antriebsmotors, was die dynamischen Eigenschaften der Mechanik betrifft. Daher kann man es für die Synthese

---

[1] Ausnahme: Ausgangsrückführung

von Regelungsstrukturen bereits in der Konstruktionsphase des Vorschubsystems einsetzen. Nachteilig ist die u. U. aufwendige Beschaffung einiger
mechanischer Geometriegrößen (insbes. diverse Schwerpunktabstände) sowie
mehrerer stark verdichteter, weil aus Reihen- und/oder Paralellelschaltungen
mehrerer elementarer Koppelelemente gedacht entstandener Federsteifigkei-
ten. Das Aufstellen der grundlegenden Strukturvektoren erfordert für den
Anwender die Kenntnis der kinematischen Zusammenhänge zwischen den
verallgemeinerten Schwingungskoordinaten.

- Mit Hilfe des speziellen FE-Programmes ELFE_FE (M4) ist bei entsprechend feiner Diskretisierung unter Berücksichtigung aller sechs Freiheitsgrade je Knotenpunkt die Generierung eines statisch und dynamischen sehr
  genauen Modells möglich. Dafür liegt die Ordnung hier mit $n = 505$ bereits so hoch, daß eine geeignet dimensionierte Rechenanlage zur Lösung des
  Eigenwert-, Eigenvektorproblems, d. h. allg. zur numerischen Analyse notwendig ist. Durch die günstige (Steifigkeits-)Normierung der Eigenvektoren
  ist deren physikalische Interpretation aus Kenn-Nachgiebigkeitsdiagrammen
  für den Entwickler aufschlußreich bei der Schwachstellenanalyse in der Konstruktionsphase einsetzbar. In dieser Hinsicht besitzt das Rechenmodell M4
  eindeutig die besseren Möglichkeiten gegenüber M3 auf der Basis der Lagrange'schen Gleichung 2. Art. Die deutlich einfachere Handhabung und die
  nicht unbedingt notwendige Detailkenntnis mechanischer Konstruktionsdaten sind ein weiterer Vorzug gegenüber dem System M3.

  Besondere Bedeutung gewinnt die spezielle FE-Modellierung mit ELFE_FE
  genau dann, wenn Fertigungsanlagen, respektive deren Vorschubantriebe experimentell identifiziert sind. Da in der mechanischen Konstruktion vergleichsweise eingeschränkt Variationen (z. B. hinsichtlich Lagerungsvariatio-
  nen, Materialwahl, Kinematik) realisiert werden, stellt die experimentell ab-
  gesicherte Parametereinstellung für ein Vorschubsystem einen guten Ausgangspunkt für zukünftige Entwicklungen dar.

  Eine ähnliche Perspektive bietet zwar auch die Modellierung auf der Basis
  der Lagrange'schen Gleichungen 2. Art wie bei M3, der dazu notwendige
  Aufwand ist aber erheblich größer und die unvermeidlichen Parameterunsi-
  cherheiten machen sich hier erfahrungsgemäß wesentlich stärker bemerkbar.

- Die Anwendung eines *allgemeinen* FE-Programmes führt bei geeigneter
  Handhabung zu vergleichbaren Ergebnissen bei der Systemanalyse wie die
  Modelle M3 und M4. Als Nachteile müssen jedoch angeführt werden:

  - Extrem hohe Modellordnung im Zustandsraum (hier: $n > 7000$ durch
    die Verwendung von 3D Festkörperelementen.

  - Hoher Aufwand bei der Modellgenerierung.

  - Die für elektrische Vorschubsysteme wesentlichen Maschinenelemente
    Kugelgewindespindel und Zahnriemen bzw. Zahnradstufe existieren
    normalerweise nicht in der Elementebibliothek und müssen daher vom
    Anwender aus Grundbausteinen geeignet generiert werden. Dies setzt

	Modell				
Eigenschaft	M1	M2	M3	M4	M5
Ordnung[2]	3	5	43	505	≈ 7000
Rechneraufwand[3]	gering	gering	mittel	hoch	sehr hoch
Detailkenntnis[4]	minimal	gering	hoch	gering	sehr hoch
Güte[5]	evtl. brauchbar	evtl. brauchbar	sehr gut	sehr gut	sehr gut
direkte Reglersynthese	ja	ja	nein	nein	nein

Tabelle 10.1: Zusammenstellung der wichtigsten Modelleigenschaften

eine entsprechende Erfahrung im Umgang mit FE voraus. Weiterhin ist die Generierung der erwähnten Elemente programmspezifisch und daher i. allg. nicht portabel.

Eine *vollständige* modale Ordnungsreduktion ist wegen der hohen Systemordnung nicht mehr sinnvoll. Es kommt allenfalls ein DAVISON-Ansatz in Frage. Die Auswahl der verwendeten, d. h. als dominant erkannten Eigenformen ist dann aber nur *subjektiv* nach den bekannten Kriterien der Regelungstechnik möglich.

Tabelle 10.1 faßt noch einmal die wesentlichen Modelleigenschaften der einzelnen Varianten zusammen.

10.4.2 Ordnungsreduktion

Leider führt die komplexe Modellbeschreibung mechanischer Systeme unter Berücksichtigung entsprechend vieler Freiheitsgrade immer zu mehr oder minder hohen Systemordnungen, so daß ein direkter Reglerentwurf normalerweise nicht mehr sinnvoll ist. Betroffen von dieser Problematik sind in dieser Arbeit die Rechenmodelle M3 ($n = 43$ im Zustandsraum) und M4 ($n = 505$). Zur Gewinnung regelungstechnisch verwertbarer Entwurfsmodelle wurde das modale Ordnungsreduktionsverfahren von LITZ eingesetzt. Das gewählte Verfahren von LITZ erwies sich dabei außerordentlich wirksam. Von numerischer Seite auffallend ist die Tatsache, daß nur EISPACK-Routinen für die Eigenwert-, bzw. speziell die Eigenvektoranalyse geeignet waren.

Als günstiger Dämpfungsansatz ergab sich für das

---

[2] elektromechanisches Hybridmodell: Transistorsteller idealisiert als P-Glied

[3] Aufwand an Hard- und Software

[4] detaillierte Information über mechanische Konstruktionsdaten und Parameter des Vorschubmotors und dessen Leistungsbaugruppe; numerisches „Fingerspitzengefühl'"

[5] Approximation des *statischen* und speziell des *dynamischen* Verhaltens des realen Systems

- Lagrange-Modell 43. Ordnung (M3) der konventionelle Einmassenschwinger-
  ansatz, während bei den

- FE-Programmen (M4, M5) jeweils mit *modaler* Dämpfung gearbeitet wurde.
  Je nach Betrachtung (rein mechanisches System oder elektromechanisches
  Hybridsystem) muß allerdings der modale Dämpfungsansatz geeignet ange-
  paßt werden (Hybridmodell *ohne* massenproportionale Dämpfung).

Bei der Berücksichtigung der dynamischen Eigenschaften der Leistungsbaugruppe
erwies sich die Totzeit des Transistorstellers bei einem angenommenen „worst case"
von 1 ms in Bezug auf das Gesamtverhalten weniger dominant als die erste mechanische Eigenfrequenz. Daher konnte bei den untersuchten Vorschubsystemen auf
die Einbeziehung eines weiteren Eigenwertes in das reduzierte Modell verzichtet
werden.

Bezüglich der erreichbaren numerischen Güte bei der Ordnungsreduktion erwiesen
sich die untersuchten Modelle M3 (Lagrange; Systemordnung $n = 43$) und M4
(spezielle FE-Struktur; Systemordnung $n = 505$) völlig adäquat. Die wichtige
Konditionszahl der mit EISPACK berechneten Matrix der Eigenvektoren betrug
in allen Fällen $R_{cond} \approx 10^{-10}$.

Der experimentelle Vergleich der Zustandsregler auf der Basis der ordnungsreduzierten Entwurfsmodelle mit dem Regler auf der Grundlage konventioneller Vor-
schubmodellierung (M2) machte den erheblichen Vorteil der ordnungsreduzierten
Entwurfsmodelle deutlich. Die beste Übereinstimmung theoretischer bzw. vorgebenener Kurvenverläufe mit real gefahrenen wurde stets mit Reglern auf ordnungs-
reduzierter Modellbasis erzielt.

10.4.3   Variation der Kugelgewindespindellagerung

Die Lagerung der Kugelgewindespindel mit interner Umlenkung über Um-
lenkstücke wurde variiert als

- Fest-Loslagerung und als

- angestellte Lagerung in O-Anordnung mit auf Zug vorgespannter Spindel.

Die dominante Eigenfrequenz des Systems bei Fest-Loslagerung der Spindel fiel
mit 146 Hz nur geringfügig gegenüber der angestellten Variante mit 149 Hz ab,
so daß keine wesentlichen Unterschiede im dynamischen Verhalten vorlagen. Die
zusätzliche Vorspannung des Systems durch ein zweites doppelseitig wirkendes Axiallager zur Kompensation der Wärmedehnung der Kugelgewindespindel bewirkte
hier keine signifikante Verbesserung der dynamischen Systemsteifigkeit.

10.4.4 Elektrische Vorschubantriebskonzepte — Kennlinienkorrektur

Untersucht wurden in dieser Arbeit zwei unterschiedliche Motorenkonzepte bei gleichen Rahmenbedingungen (identische Mechanik, gleichartige digitale Ansteuerung über pulsbreitenmodulierten Transistorsteller mit 2,5 kHz Taktfrequenz):

- konventioneller Gleichstrommotor;

- bürstenloser Gleichstrommmotor.

Auf Grund der extrem hohen (und beabsichtigten) Vorspannung des mechanischen Systems, im wesentlichen verursacht durch die Lagervorspannung und die Vorspannung des Doppelmuttersystems, lag die erste dominante mechanische Eigenfrequenz recht hoch bei $f \approx 149\,\mathrm{Hz}$ für das System mit angestellter Spindellagerung. Für beide Vorschubmotoren bestand dadurch das Problem ensprechend hoher zu überwindender Reibmomente, die vor allem im wichtigen (exakte Positionierung) Bereich kleiner Vorschubgeschwindigkeiten zusammen mit dem stick-slip Verhalten der hydrodynamischen Gleitführungen zu unerwünschtem, nichtlinearem Zusammenhang zwischen der Stellgröße Ankerspannung und der tatsächlichen Schlittengeschwindigkeit führten. Aus diesen Gründen wurde eine entsprechende Kennlinienkorrektur beider Antriebe durchgeführt, die als Kompensation der (nichtlinearen) Reibung bzw. Anpassung an den Reibkennlinienverlauf des Vorschubantriebs aufgefaßt werden kann. Ohne diese Korrekturmaßnahme war am betrachteten Versuchsstand nur der konventionelle bürstenbehaftete Antrieb im Rahmen einer digitalen Zustandsregelung einsetzbar.

Wesentlich bei der Auswahl von Vorschubantriebsmotoren ist die Berücksichtigung des Anteils des Motorträgheitsmoments am Gesamtträgheitsmoment des Antriebs. Bei den verwendeten Motoren lag der Anteil bei $\approx 41\%$ für den konventionellen Antrieb und bei $\approx 24\%$ für den bürstenlosen. Als Stellglied innerhalb der digitalen Zustandsregelung erwies sich der Antrieb mit konventionellem Vorschubmotor als der problemloser zu optimierende. Für den Fall konventioneller Kaskadenregelungen gelten die gleichen Gesichtspunkte.

Hinsichtlich des dynamischen Verhaltens des lagegeregelten Gesamtsystems stellt der Konzeptunterschied konventioneller — bürstenloser Gleichstrommotor *keine* Entscheidungsgrundlage für den Konstrukteur dar.

Insgesamt können aus den gemachten Erfahrungen zwei Folgerungen abgeleitet werden:

1. Bei der Suche nach einem Kompromiß aus möglichst hoher dynamischer Systemsteifigkeit ($\rightarrow$ hohe Vorspannung) und günstigem Reibungsverhalten sollte die mechanische Konzeption eher das Reibungsverhalten begünstigen, wenn eine *digitale Zustandsregelung* das Syntheseziel darstellt.

2. Für die Vorschubmotoren gilt ferner, daß das Trägheitsmoment des Motors zugunsten einer u. U. wesentlich einfacheren Optimierung der Regelkreiseigenschaften des Gesamtsystems nicht zu niedrig gewählt werden darf.

11 Literaturverzeichnis

[1] ACKERMANN, J.: Abtastregelung. 3. Auflage. Berlin: Springer 1988.

[2] ACKERMANN, J.: Einführung in die Theorie der Beobachter. Regelungstechnik 24 (1976), 217–226.

[3] ALBERS, K.: Syntheseverfahren für nichtlineare parameter- und strukturvariable Zustandsregler unter Berücksichtigung von Begrenzungen. Dissertation U Dortmund 1983.

[4] AUTORENKOLLEKTIV: Automatische Prozeßkonfiguration in Occam 2. Informationstechnik 30 (1988) 4, 272–283.

[5] AUTORENKOLLEKTIV: Die Lageregelung an numerisch gesteuerten Maschinen. Umdruck zum Seminar vom 9.–12. September 1987. U Stuttgart: Institut für Steuerungstechnik der Werkzeugmaschinen und Fertigungseinrichtungen 1987.

[6] BONVIN, D. u. D. A. MELLICHAMP: A Generalized Structural Dominance Method for the Analysis of Large-Scale Systems. Int. J. Control, 35 (1982) 5, 807–827.

[7] BONVIN, D. u. D. A. MELLICHAMP: A Unified Derivation and Critical Review of Modal Approaches to Model Reduction. Int. J. Control, 35 (1982) 5, 829–840.

[8] BREMER, H.: Dynamik und Regelung mechanischer Systeme. Stuttgart: Teubner 1988.

[9] EDLÉN, B.: The Refractive Index of Air. Metrologia 2 (1966), 71–80.

[10] EDLÉN, B.: The Dispersion of Standard Air. Josa 43 (1953), 339–344.

[11] EIBELSHÄUSER, P.: Rechnerunterstützte experimentelle Modalanalyse mittels gestufter Sinuserregung. Dissertation TU München 1990.

[12] EISPACK: Matrix Eigensystem Routines — Eispack Guide. Berlin: Springer 1976.

[13] EUBERT, P.: Digitale Zustandsregelung auf Transputerbasis für elektrische Vorschubantriebe an NC-Systemen. Die Maschine 43 (1989) 9, 64–70.

[14] EUBERT, P.: Starke Konzeptionsphase: Optimierung elektrischer Vorschubantriebe für NC-Systeme. München: Moderne Industrie, Sonderpublikation März 1988.

[15] FÖLLINGER, O.: Entwurf konstanter Ausgangsrückführungen im Zustandsraum. Automatisierungstechnik 34 (1986), 5–15.

[16] FÖLLINGER, O.: Entwurf von Regelkreisen durch Transformation der Zustandsvariablen. Regelungstechnik 24 (1976), 239–245.

[17] FÖLLINGER, O.: Regelungstechnik. 2. Auflage. Berlin: Elitera 1987.

[18] FÖLLINGER, O.: Regelung komplex strukturierter Systeme. Automatisierungstechnik 34 (1986), 135–143.

[19] FRANKE, D.: Ausschöpfen von Stellgrößenbeschränkungen mittels weicher
strukturvariabler Regelung. Regelungstechnik 30 (1982), 348–355.

[20] GOLZ, H. U.: Analyse, Modellbildung und Optimierung des Betriebsverhal-
tens von Kugelgewindespindeln. Dissertation U Karlsruhe 1990.

[21] GROSS, W.: Elektrische Vorschubantriebe für Werkzeugmaschinen. Berlin:
Siemens-AG 1981.

[22] GRÜBEL, G.: Die regelungstechnische Programmbibliothek RASP. Regelungstechnik 31 (1983), 75–80.

[23] HÄNDLER, W.: Parallele Datenverarbeitung. Informationstechnik 30 (1988)
2, 67–70.

[24] HARIG. K.: Quantisierung im Lageregelkreis numerisch gesteuerter Fertigungseinrichtungen. Dissertation U Stuttgart 1986.

[25] HESSELBACH, J.: Digitale Lageregelung an numerisch gesteuerten Maschinen. Ein Beitrag zur Untersuchung zeitdiskreter Regelalgorithmen. Dissertation U Stuttgart 1980.

[26] HIPPE, P.: Der Entwurf von Zustandsreglern unter dem Gesichtspunkt minimaler Reglerempfindlichkeit. Dissertation U Erlangen 1976.

[27] HIPPE, P. u. CH. BIRKE: Systematische Auslegung von Zustandsregelkreisen
im Frequenzbereich. Regelungstechnik 31 (1983), 403–409.

[28] HIPPE, P. u. CH. WURMTHALER: Ein einfaches Verfahren zum Entwurf von
Zustandsreglern mit Störgrößenkompensation. Regelungstechnik 29 (1981),
91–96, 131–136.

[29] HIPPE, P. u. CH. WURMTHALER: Zustandsregelung. Berlin: Springer 1985.

[30] HÖGER, W.: Ein Beitrag zur Systemdynamik von Wickelantrieben unter
Berücksichtigung elastischer Kopplungen. Dissertation TU München 1985.

[31] HOPFENGÄRTNER, H.: Lageregelung schwingungsfähiger Servosysteme am
Beispiel eines Industrieroboters. Regelungstechnik 29 (1981), 3–10.

[32] HOPFENGÄRTNER, H.: Modellbildung und Regelung elektrischer Servoantriebe am Beispiel eines Industrieroboters. Dissertation U Erlangen-Nürnberg 1980.

[33] HÜSKEN, V. u. G. SCHLECHTRIEM: Eine Testhilfe für parallele Prozesse. Informationstechnik 30 (1988) 4, 285–290.

[34] INMOS: Occam 2 Reference Manual. New York: Prentice Hall 1987.

[35] INMOS: Transputer Development System. New York: Prentice Hall 1988.

[36] INMOS: Transputer Instruction Set. New York: Prentice Hall 1988.

[37] INMOS: Transputer Reference Manual. New York: Prentice Hall 1988.

[38] ISERMANN, R.: Digitale Regelsysteme. Bd. 1 und 2, 2. Auflage. Berlin: Springer 1987.

[39] KALMAN, R.: A New Approach to Linear Filtering and Prediction Problems. Journal of Basic Engineering, Trans. ASME (1960), 35–45.

[40] KALMAN, R. u. R. BUCY: New Results in Linear Filtering and Prediction Theory. Journal of Basic Engineering, Trans. ASME (1961), 95–108.

[41] KIENDL, H.: Eine suboptimale Regelstrategie auf der Basis des Theorems von Cayley-Hamilton zur Synthese von Abtastsystemen mit beschränkter Stellgröße. Regelungstechnik 28 (1980), 250–258.

[42] KIRCHKNOPF, P.: Ermittlung modaler Parameter aus Übertragungsfrequenzgängen. Dissertation TU München 1989.

[43] KORN, G. A. u. J. V. WAIT: Digitale Simulation kontinuierlicher Systeme. München: Oldenbourg 1983.

[44] KOSUT, R. L.: Suboptimal Control of Linear Time-Invariant Systems Subject to Control Structural Constraints. IEEE Trans. on Automatic Control 15 (1970), 557–563.

[45] KÜÇÜKAY, F.: Zur Formulierung und Programmierung der Bewegungsgleichungen von Antriebssträngen. VDI-Zeitschrift 126 (1984) 20, 769–774.

[46] KÜÇÜKAY, F.: Über das dynamische Verhalten von einstufigen Zahnradgetrieben. Dissertation TU München 1981.

[47] KUHN, U.: Neue Entwurfsverfahren für die Regelung linearer Mehrgrößensysteme durch optimale Ausgangsrückführung. Dissertation TU München 1985.

[48] LEVINE, W. S. u. M. ATHANS: On the Determination of the Optimal Constant Output Feedback Gains for Linear Multivariable Systems. IEEE Trans. on Automatic Control 15 (1970), 44–88

[49] LITZ, L.: Reduktion der Ordnung linearer Zustandsraummodelle mittels modaler Verfahren. Dissertation U Karlsruhe 1979.

[50] LUENBERGER, D. G.: An Introduction to Observers. IEEE Transactions On Automatic Control, 16 (1971) 6, 596–602.

[51] MILBERG, J. u. W. SIMON: Auswahlkriterien für elektrische Vorschubservoantriebe. Industrieanzeiger 108 (1986) 69, 22–24.

[52] MILBERG, J. u. P. EUBERT: DYLAM — Lasermeßsystem zur Aufzeichnung dynamischer Vorgänge. Industrieanzeiger 36 (1988) 110, 38,39.

[53] MILBERG, J. u. W. SIMON: Lasermeßtechnik zur Aufzeichnung dynamischer Vorgänge an Werkzeugmaschinen. VDI-Zeitschrift 128 (1986) 9, 321–326.

[54] MILBERG, J. u. W. SIMON: Typische Eigenschaften elektrischer Vorschubservoantriebe. Industrieanzeiger 108 (1986) 66/67, 25–28.

[55] MOSER, O.: Kontrollierte Bewegungen: 3D-Echtzeit-Kollisionsschutz an Werkzeugmaschinen. München: Moderne Industrie, Sonderpublikation März 1988, 83–86.

[56] MÜLLER, P. C. u. W. O. SCHIEHLEN: Lineare Schwingungen. Wiesbaden: Akademische Verlagsgesellschaft 1976.

[57] MÜLLER, P. C. u. A. TRUCKENBRODT: Entwurf eines optimalen Beobachters. Regelungstechnik 25 (1977), 381–387.

[58] MÜLLER, R. D.: Statische und dynamische Analyse von Werkzeugmaschinenantrieben und Zahnradgetrieben. Dissertation TU München 1980.

[59] PAPIERNIK, W.: Betragsoptimum und Riccati-Regler. Automatisierungstechnik 34 (1986), 201–207.

[60] POUNTAIN, D.: Virtual Channels: The Next Generation of Transputers. BYTE 15 (1990) 4.

[61] POWELL, L.: The LaVerne Terrace Low-Pass Filter. Audio Engineering Society 30 (1982) 11.

[62] ROPPENECKER, G.: Vollständig modale Synthese linearer Systeme und ihre Anwendung zum Entwurf strukturbeschränkter Zustandsrückführungen. Dissertation U Karlsruhe 1983.

[63] ROTH, H.: Ein neues Verfahren zur Ordnungsreduktion und Reglerentwurf auf der Basis des reduzierten Modells. Dissertation U Karlsruhe 1984.

[64] ROTH, H.: Reglerentwurf mit Hilfe eines reduzierten Modells. Regelungstechnik 32 (1984), 114–119.

[65] SCHMIDT, G.: Simulationstechnik. München: Oldenbourg 1980.

[66] SCHMIDT, J.: Verkleinerung der Stellamplitude bei Führungsgrößenregelung durch Polvorgabe. Automatisierungstechnik 34 (1986), 208–214.

[67] SIMON, W.: Elektrische Vorschubantriebe an NC-Systemen. Dissertation TU München 1986.

[68] SIMON, W.: Vorschubservoantriebe voll nutzen. Industrieanzeiger 109 (1987) 23, 30–44.

[69] STUTE, G.: Regelung an Werkzeugmaschinen. München: Hanser 1981.

[70] SUMMER, H.: Modell zur Berechnung verzweigter Antriebsstrukturen. Dissertation TU München 1986.

[71] SWOBODA, W.: Digitale Lageregelung für Maschinen mit schwach gedämpften schwingungsfähigen Bewegungsachsen. Dissertation U Stuttgart 1987.

[72] TRUCKENBRODT, A.: Bewegungsverhalten und Regelung hybrider Mehrkörpersysteme mit Anwendung auf Industrieroboter. Dissertation TU München 1980.

[73] UNBEHAUEN, H.: Regelungstechnik. Bd. 1, 4. Auflage; Bd. 2, 2. Auflage; Bd. 3, 2. Auflage; Braunschweig: Vieweg 1986, 1985, 1986.

[74] UNBEHAUEN, R.: Systemtheorie — eine Darstellung für Ingenieure. 4. Auflage. München: Oldenbourg 1983.

[75] VDI-BERICHT 548: Dokumentation Laserinterferometrie in der Längenmeßtechnik. VDI Verlag 1985.

[76] WAIT, J. V. u. C. DeFRANCE III: DARE-P User's Manual. University of Arizona — College of Engineering. Department of Electrical Engineering, Juli/August 1978.

[77] WAMBACH, R.: Beitrag zur Automatisierung von Kabelaufwickeleinrichtungen. Dissertation TU Berlin 1988.

[78] ZIENKIEWICZ, O. C.: Methode der finiten Elemente. München: Hanser 1984.

iwb Forschungsberichte

Berichte aus dem Institut für Werkzeugmaschinen und Betriebswissenschaften der Technischen Universität München

Herausgeber: Prof. Dr.-Ing. J. Milberg

1 **Streifinger, E.**
Beitrag zur Sicherung der Zuverlässigkeit und Verfügbarkeit
moderner Fertigungsmittel
1986. 72 Abb. 167 Seiten, ISBN 3-540-16391-3   68,- DM

2 **Fuchsberger, A.**
Untersuchung der spanenden Bearbeitung von Knochen
1986. 90 Abb. 175 Seiten, ISBN 3-540-16392-1   68,- DM

3 **Maier, C.**
Montageautomatisierung am Beispiel des Schraubens mit
Industrierobotern
1986. 77 Abb. 144 Seiten, ISBN 3-540-16393-X   68,- DM

4 **Summer, H.**
Modell zur Berechnung verzweigter Antriebsstrukturen
1986. 74 Abb. 197 Seiten, ISBN 3-540-16394-8   68,- DM

5 **Simon, W.**
Elektrische Vorschubantriebe an NC-Systemen
1986. 141 Abb. 198 Seiten, ISBN 3-540-16693-9   68,- DM

6 **Büchs, S.**
Analytische Untersuchungen zur Technologie der Kugelbearbeitung
1986. 74 Abb. 173 Seiten, ISBN 3-540-16694-7   68,- DM

7 **Hunzinger, I.**
Schneiderodierte Oberflächen
1986. 79 Abb. 162 Seiten, ISBN 3-540-16695-5   68,- DM

8 **Pilland, U.**
Echtzeit-Kollisionsschutz an NC-Drehmaschinen
1986. 54 Abb. 127 Seiten, ISBN 3-540-17274-2   68,- DM

9 **Barthelmeß, P.**
Montagegerechtes Konstruieren durch die Integration
von Produkt- und Montageprozeßgestaltung
1987. 70 Abb. 144 Seiten, ISBN 3-540-18120-2   68,- DM

10 **Reithofer, N.**
Nutzungssicherung von flexibel automatisierten Produktionsanlagen
1987. 84 Abb. 176 Seiten, ISBN 3-540-18440-6   68,- DM

11 **Diess, H.**
Rechnerunterstützte Entwicklung flexibel automatisierter
Montageprozesse
1988. 56 Abb. 144 Seiten, ISBN 3-540-18799-5   73,- DM

12 Reinhart, G.
Flexible Automatisierung der Konstruktion
und Fertigung elektrischer Leitungssätze
1988, 112 Abb. 197 Seiten, ISBN 3-540-19003-1   73,- DM

13 Bürstner, H.
Investitionsentscheidung in der rechnerintegrierten Produktion
1988, 77Abb. 190 Seiten, ISBN 3-540-19099-6   73,- DM

14 Groha, A.
Universelles Zellenrechnerkonzept für flexible Fertigungssysteme
1988, 74 Abb. 153 Seiten, ISBN 3-540-19182-8   73,- DM

15 Riese, K.
Klipsmontage mit Industrierobotern
1988, 92 Abb. 150 Seiten, ISBN 3-540-19183-6   73,- DM

16 Lutz, P.
Leitsysteme für rechnerintegrierte Auftragsabwicklung
1988, 44 Abb. 144 Seiten, ISBN 3-540-19260-3   73,- DM

17 Klippel, C.
Mobiler Roboter im Materialfluß eines flexiblen Fertigungssystems
1988, 86 Abb. 164 Seiten, ISBN 3-540-50468-0   73,- DM

18 Rascher, R.
Experimentelle Untersuchungen zur Technologie der Kugelherstellung
1989, 110 Abb. 200 Seiten, ISBN 3-540-51301-9   73,- DM

19 Heusler, H.-J.
Rechnerunterstützte Planung flexibler Montagesysteme
1989, 43 Abb. 154 Seiten, ISBN 3-540-51723-5   73,- DM

20 Kirchknopf, P.
Ermittlung modaler Parameter aus Übertragungsfrequenzgängen
1989, 57 Abb. 157 Seiten, ISBN 3-540-51724   73,- DM

21 Sauerer, Ch.
Beitrag für ein Zerspanprozeßmodell Metallbandsägen
1990, 89 Abb. 166 Seiten, ISBN 3-540-51868-1   78,- DM

22 Karstedt, K.
Positionsbestimmung von Objekten in der Montage-
und Fertigungsautomatisierung
1990, 92 Abb. 157 Seiten, ISBN 3-540-51879-7   78,- DM

23 Peiker, St.
Entwicklung eines integrierten NC-Planungssystems
1990, 66 Abb. 180 Seiten, ISBN 3-540-51880-0   78,- DM

24 Schugmann, R.
Nachgiebige Werkzeugaufhängungen für die automatische Montage
1990. 71 Abb. 155 Seiren, ISBN 3-540-52138-0   78,- DM

25 **Wrba, P**
Simulation als Werkzeug in der Handhabungstechnik
1990, 125 Abb., 178 Seiten, ISBN 3-540-52231-X   78,- DM

26 **Eibelshäuser, P.**
Rechnerunterstützte experimentelle Modalanalyse
mitells gestufter Sinusanregung
1990, 79 Abb., 156 Seiten, ISBN 3-540-52451-7   78,- DM

27 **Prasch, J.**
Computerunterstützte Planung von chirurgischen Eingriffen
in der Orthopädie
1990, 113 Abb., 164 Seiten, ISBN 3-540-52543-2   78,- DM

28 **Teich, K.**
Prozeßkommunikation und Rechnerverbund in der Produktion
1990, 52 Abb., 158 Seiten, ISBN 3-540-52764-8   78,- DM

29 **Pfrang, W.**
Rechnergestützte und graphische Planung manueller
und teilautomatisierter Arbeitsplätze
1990, 59 Abb., 153 Seiten, ISBN 3-540-52829-6   78,- DM

30 **Tauber, A.**
Modellbildung kinematischer Stukturen
als Komponente der Montageplanung
1990, 93 Abb., 190 Seiten, ISBN 3-540-52911-X   78,- DM

31 **Jäger, A.**
Systematische Planung komplexer Produktionssysteme
1991, 75 Abb., 148 Seiten, ISBN 3-540-53021-5   78,- DM

32 **Hartberger, H.**
Wissensbasierte Simulation komplexer Produktionssysteme
1991, 58 Abb., 154 Seiten, ISBN 3-540-53326-5   78,- DM

33 **Tuczek H.**
Inspektion von Karosseriepreßteilen auf Risse und Einschnürungen
mittels Methoden der Bildverarbeitung
1992, 125 Abb., 179 Seiten, ISBN 3-540-53965-4   88,- DM

34 **Fischbacher, J.**
Planungsstrategien zur strömungstechnischen Optimierung
von Reinraum-Fertigungsgeräten
1991, 60 Abb., 166 Seiten, ISBN 3-540-54027-X   78,- DM

35 **Moser, O.**
3D-Echtzeitkollisionsschutz für Drehmaschinen
1991, 66 Abb., 177 Seiten, ISBN 3-540-54076-8   78,- DM

36 **Naber, H.**
Aufbau und Einsatz eines mobilen Roboters mit
unabhängiger Lokomotions- und Manipulationskomponente
1991, 85 Abb., 139 Seiten, ISBN 3-540-54216-7   78,- DM

37 **Kupec, Th.**
Wissensbasiertes Leitsystem zur Steuerung flexibler Fertigungsanlagen
1991, 68 Abb., 150 Seiten, ISBN 3-540-54260-4   78,- DM

38 Maulhardt, U.
Dynamisches Verhalten von Kreissägen
1991, 109 Abb., 159 Seiten, ISBN 3-540-54365-1   78,- DM

39 Götz, R.
Stukturierte Planung flexibel automatisierter Montagesysteme
für flächige Bauteile
1991, 86 Abb., 201 Seiten, ISBN 3-540-54401-1   78,- DM

40 Koepfer, Th.
3D- grafisch-interaktive Arbeitsplanung – ein Ansatz
zur Aufhebung der Arbeitsteilung
1991, 74 Abb., 126 Seiten, ISBN 3-540-54436-4   78,- DM

41 Schmidt, M.
Konzeption und Einsatzplanung flexibel automatisierter
Montagesysteme
1992, 108 Abb., 168 Seiten, ISBN 3-540-55025-9   88,- DM

42 Burger, C.
Produktionsregelung mit entscheidungsunterstützenden
Informationssystemen
1992, 94 Abb., 186 Seiten, ISBN 5-540- 55187-5   88,- DM

43 Hoßmann, J.
Methodik zur Planung der automatischen Montage von nicht
formstabilen Bauteilen
1992, 73 Abb., 168 Seiten, ISBN 3-540-5520-0   88,- DM

46 Bick, W.
Systematische Planung hybrider Montagesyste unter
Berücksichtigung der Ermittlung des optimalen Automatisierungsgrades
1992, 70 Abb., 156 Seiten ISBN 3-540-55377-0   88,- DM

47 Gebauer, L.
Prozeßuntersuchungen zur automatisierten Montage
von optischen Linsen
1992, 84 Abb., 150 Seiten, ISBN 3-540- 55378-9   88,- DM

49 Wisbacher, J.
Methoden zur rationellen Automatisierung der Montage
von Schnellbefestigungselementen
1992, 77 Abb., 176 Seiten, ISBN 3-540-55512-9   88,- DM

50 Garnich. F.
Laserbearbeitung mit Robotern
1992, 110 Abb., 184 Seiten, ISBN 3-540- 55513-7   88,- DM

Die Bände sind im Erscheinungsjahr und in den folgenden drei Kalenderjahren
zu beziehen durch den örtlichen Buchhandel
oder durch Lange & Springer, Otoo-Suhr-Allee 26-28, D 1000 Berlin 10